U0363656

计算几何若干方法及其在
空间数据挖掘中的应用

樊广佺　著

北　京

冶金工业出版社

2010

内 容 提 要

计算几何作为计算机科学的一个分支，本书对其新发展和研究工作进行了综述性的介绍。论述了 KDTIM 理论的内涵；通过对计算几何中的一些问题的研究，提出一些新的理论与算法；将计算几何的理论方法应用于空间数据挖掘中，用计算几何中的理论和方法解决知识发现中的一些问题。

本书适合从事计算几何、数据挖掘等计算机科学相关领域的工作人员阅读。

图书在版编目(CIP)数据

计算几何若干方法及其在空间数据挖掘中的应用/樊广佺著. —北京：冶金工业出版社，2010.3
ISBN 978-7-5024-5158-5

Ⅰ.①计… Ⅱ.①樊… Ⅲ.①计算几何—计算机算法②计算几何—应用—地理信息系统 Ⅳ.①TP301.6 ②P208

中国版本图书馆 CIP 数据核字(2010)第 021708 号

出 版 人　曹胜利
地　　址　北京北河沿大街嵩祝院北巷 39 号，邮编100009
电　　话　(010)64027926　电子信箱　postmaster@cnmip.com.cn
责任编辑　杨盈园　美术编辑　李 新　版式设计　葛新霞
责任校对　栾雅谦　责任印制　牛晓波
ISBN 978-7-5024-5158-5
北京百善印刷厂印刷；冶金工业出版社发行；各地新华书店经销
2010 年 3 月第 1 版，2010 年 3 月第 1 次印刷
850mm×1168mm　1/32；6.125 印张；161 千字；184 页；1-1500 册
25.00 元

冶金工业出版社发行部　电话：(010)64044283　传真：(010)64027893
冶金书店　地址：北京东四西大街46 号(100711)　电话：(010)65289081
(本书如有印装质量问题，本社发行部负责退换)

前　言

　　计算几何作为计算机科学的一个分支学科，自20世纪70年代诞生以来得到了迅猛的发展。该领域中的问题所带来的挑战性，使得一大批科研人员为之呕心沥血、辛勤耕耘，在比较短的时间内使这一崭新的研究领域取得了辉煌的成果，对许多问题有了一系列比较成熟的计算几何算法。但是，在该领域仍存在着一些问题没有得到解决或没有解决好，一些算法在运行效率等方面仍不能满足一些应用领域的要求，需要人们继续发展、完善它。知识发现也是一门年轻的学科，其他一些学科，如统计学、人工智能、模糊数学、粗糙集、图论与超图理论等多个学科的理论与方法都纷纷地运用到知识发现中来，为这一领域的发展带来了活力。如果能将计算几何中的一些方法运用到知识发现领域，解决知识发现过程中遇到的一些问题，无疑将会对两门学科都产生深远的影响。

　　本书是以2003年国家科技成果重点推广计划项目——集成化组合构件式知识发现软件系统（ICCKDSS，项目编号2003EC000001）为背景而编写的。ICCKDSS是基于内在机理的知识发现理论（Knowledge Discovery Theory based on Inner Mechanism, KDTIM）在空间数据挖掘领域的进一步扩展。本书主要对计算几何中的一些理论与方法进行研究，并尝试将这些理论与方法应用于空间数据挖掘中，解决空间数据挖掘中的一些问题。

　　本书首先希望丰富KDTIM理论的内涵；其次，通过对计算几何中的一些问题的研究，提出一些新的理论与算法，从而对计算几何的完善贡献一份力量；再次，将计算几何的理论方法应用于空间数据挖掘中，可以用计算几何中的理论和方法解决知识发现领域中的一些问题。

本书针对平面点集的凸壳，提出并证明了平面点集的城堡定理，设计了城墙快速搜索算法；提出了一种新的平面点集凸壳快速算法；提出了两种近似凸壳算法，即点集坐标旋转法（PSCR）和多方向极值近似凸壳算法（MDEV）；提出了一种任意简单多边形单调剖分算法；提出了对经典艺术画廊问题的两种解决方法，即基于可见传播规则的解决方法和基于顶点可见关系矩阵的解决方法；揭示了平面点集三角剖分的一个性质；在研究目前知识发现特别是空间数据挖掘中计算几何方法应用现状的基础上，提出了一种基于空间邻近关系的可视化空间数据聚类算法。

计算几何和空间数据挖掘都是比较新的领域。如何提出更好的计算几何算法、更多地将其运用于空间数据挖掘中，今后将需要不断进行更深层次的研究。

本书是作者在博士论文研究成果的基础上编撰而成的。在此，谨向我的导师杨炳儒教授致以最崇高的敬意和最真诚的感谢！在编写本书的过程中，得到了周培德教授、石纯一教授、钱旭教授、尹怡欣教授、郑雪峰教授、杨扬教授、穆志纯教授、闵乐泉教授、郑德玲教授、王志良教授、周显伟教授、王成耀教授和王昭顺教授的大力支持和悉心指导，在此向他们表示最诚挚的感谢！感谢所有曾给予我热心帮助和关心的老师和同学们。

由于水平和经验所限，书中如有不妥之处，恳请广大读者批评指正。

作　者
2009 年 10 月

目　　录

1 相关领域研究与发展现状

1.1 计算几何概述

1.1.1 计算几何简介

计算几何的历史，最早可以追溯到 17 世纪中叶。但人们普遍认为该研究领域出现于 20 世纪 70 年代。

1644 年，法国数学家 Descartes（笛卡儿）论及 Voronoi 图。1759 年，瑞士数学家、物理学家 Euler（欧拉）和 Vandermonde 一起讨论过欧几里德 TSP 问题。1975 年，Shamos（沙莫斯）和 Hoey（霍伊）利用计算机有效地计算平面点集的 Voronoi 图，并发表了一篇著名论文，从此计算几何诞生了[1]。1978 年，Shamos 在他的论文中定义了现代计算几何。1985 年，Preparata（普雷帕拉塔）和 Shamos 撰写了第一本计算几何教科书。

由于大量的应用领域提供了特有的几何问题，这些问题的解决都要依靠设计精巧的几何算法，这就是孕育计算几何这门学科的基础。特别是 CAD 领域，提出的一系列问题均需要计算几何基础理论的支持。

从对问题的明确表述到得到高效而优雅的解决方法，往往需要经历漫长的过程，其间既要克服很多困难，也要积累一些次优的中间结果。由几何问题带来的挑战也吸引了众多的研究人员。因此，自计算几何这门学科诞生以来，该研究领域取得了辉煌的成果，使得计算几何成为理论计算机科学领域中一个新的极有生命力的子领域，并且，计算几何中的研究成果已在计算机图形学、图像分析、化学、统计分析、模式识别、地理数据库以及其他许多领域中得到了广泛的应用。

1.1.2 计算几何的研究内容

计算几何是计算机科学中的一个分支，是专门研究有关几何对象问题的。计算几何被定义为"针对处理几何对象的算法及数据结构的系统化研究"，其重点在于"渐进快速的精确算法"。计算几何研究的典型问题由几何基元、查找、优化等问题类组成。

首先，几何基元包括凸壳和 Voronoi 图、多边形的三角剖分、划分问题（partition problems）与相交问题。E^{d+1} 中点集 S 的下凸壳在 E^d 中的投影恰好是点集 S 在 E^d 中投影点的 Delaunay 三角剖分，然后由 Delaunay 三角剖分可以容易地得到 Voronoi 图。换言之，Voronoi 图是凸壳的特例，因此，构造 E^{d+1} 中点集凸壳的算法也可以用于构造 E^d 中点集的 Voronoi 图。对多边形的三角剖分问题可以提出如下要求：设计复杂度低的算法构造多边形三角剖分以及设计三角形最小角最大化的三角剖分算法；分割线段长度之和最小的三角剖分算法。前者已有线性时间算法。划分问题是多边形三角剖分的推广，它要求把几何体划分成若干好的部分。好的部分通常是指下述两个目标之一：划分成尽量少的凸部分；各凸部分最小角最大化。另外在几何体中可以加入 Steiner 点（新的顶点），然后再进行划分，使得划分线段长度之和最小化或者是提出其他要求。二维中的典型相交问题：给定平面上 n 条直线段，确定所有的相交线对。三维中的相交问题一般考虑两个凸多面体的交以及两个多面体的交。

其次，几何查找包括点定位、可视化、区域查找等问题。计算机图形学、数据库中的区域查找及地理图形中的点定位等都是几何查找中的典型例子。在平面细分（planarsubdivision）中定位一个询问点或者在 E^d 中（$d \geqslant 3$）内由 n 个超平面构成的结构中定位询问点的问题是一个典型问题，现在不仅有解决这个问题的确定性算法，而且设计了动态随机增量算法。给定平面上 n 个顶点的简单多边形 P，由点 q 向任一方向引射线 l，确

定 l 和 p 相交的第一条边，这个问题的解决为可视化问题的求解提供了前提。E^d 中给定点集 S 及区域集合 B，$b \in B$，要求在 b 中查找 S 中的点，这就是区域查找问题。

最后，几何优化包括参数查找和线性规划。参数查找技术是将一个优化问题的检验算法变成寻找解的算法，它必须满足某些条件（检验算法是可以并行的），并且具有广泛的应用性。例如，可用它来求解平面中二维中心问题，还可以用来完成三维空间中射线的安置。众所周知，有确定变元数目的线性规划问题已有线性时间算法求解，但对于广义线性规划是否存在多项式时间算法还有待进一步研究。

此外，计算几何中各种问题的下界的确定、推导下界的方法以及求解各种几何问题的算法的复杂性分析等，也是计算几何研究中重要内容。

计算几何中引入随机化之后，已经设计出非常有效的概率算法求解诸多几何问题。随机化给几何算法设计带来了两种新的设计思想：基于随机抽样的分治方法；利用随机顺序插入产生随机增量结构。此外，随机几何算法的复杂性分析以及随机增量结构的非随机化也是重要的研究内容。

今天的计算几何学常被称为计算机科学中的一个新学科，它主要在概念上研究设计和分析有更丰富内容的算法。电子计算机对这个领域有强有力的影响，是赋予计算科学以技术翅膀的工具。计算科学的实质是结构性的（即计算的、算法的）数学，它独立于应用算法的机械技术，而算法产生于机械技术的应用。

现在的计算几何学是一个广大的领域，它包括几何探测、画廊算法和理论、计算机图形学、动态计算几何学、并行计算几何学、正交计算几何学、数字计算几何学、计算拓扑学等。

1.1.3　计算几何的发展与现状

20 世纪 70 年代末，计算几何从算法设计与分析中孕育而生[2]。该学科已经有了巨大的发展，不仅产生了一系列重要的理论成果，也在众多实际领域中得到了广泛的发展。

计算几何是随着计算机科学的发展而成长起来的一门新学科，一方面，计算机工具的引入大大拓展了几何学的传统研究方法和研究对象；另一方面，计算机在各行各业中的广泛应用又提出了一系列亟待解决的新的几何问题。因此，计算几何的内容日益丰富，发展十分迅速。信号与图像处理、图像与模式识别、可视化等领域遇到的许多问题可归结为计算几何问题。

目前，计算几何已经拥有自己的学术刊物和学术会议，形成了一个由众多活跃的研究人员组成的学术群体，成长为一个被广泛认同的学科。它涉及的问题及其解答本身所具有的美感吸引了众多的学者。在众多的应用领域中（诸如计算机图形学、地理信息系统、机器人学等）计算几何算法都发挥了重要的作用。有关计算几何的主要国际性学术会议有：SCG：ACM Symp on Computational Geometry；GMP：Geometry Modeling and Processing；CCCG：Canadian Conf on Computational Geometry；JCDCG：Japan Conference on Discrete and Computational Geometry。

新近的计算几何包括几何抽样理论、计算实代数几何、计算拓扑、运动规划、并行计算几何、隐藏面的移动、结构和图形、网络生成以及计算机视觉中的几何问题等。计算机在各学科领域深层次的应用将为计算几何提出更多的研究问题，反之，计算几何的研究成果也将促进这些学科的进一步发展。

1.1.4　计算几何与其他学科的关系

作为计算机科学的一个分支，计算几何主要研究解决几何问题的算法。在现代工程和数学领域，计算几何在图形学、机器人技术、超大规模集成电路设计和统计学等诸多领域有着广泛的应用。实际上，计算几何应该是古典几何学与现代计算机科学相结合的产物。而 GIS、CAD/CAM、计算机图形学、机器人学乃至知识发现等则是计算几何的应用领域。没有古典几何学成熟的理论基础，没有计算机科学的飞速发展，就不可能有计算几何这门学科的创立。

没有 GIS、CAD/CAM、计算机图形学、机器人学乃至知识发现等的发展，也就没有计算几何的迅猛发展，使之很快成为一门学科。例如，计算几何在 GIS 中应用比较多的有 Delaunay 三角网、Voronoi 图、凸壳、最短路径求解、拓扑计算等。这些模块在 GIS 中的应用范围很广。利用 Delaunay 三角网建立 DEM，利用 Delaunay 三角网、Voronoi 图协调目标间的拓扑关系、点状地物的凸壳、嵌套结构化与 Voronoi 图相结合进行自动选取，交通运输中的最短路径求解等。

值得一提的是，在我国的学科分类标准中，计算几何学隶属于几何学，而非计算机科学。

1.2 知识发现概述

1.2.1 KDD 的产生与发展

KDD（Knowledge Discovery in Databases）是人工智能、机器学习与数据库技术等相结合的产物，是一门交叉性学科[13,14]。KDD 一词是在 1989 年 8 月在美国底特律召开的第 11 届国际人工智能联合会议的专题讨论会上首次正式提出的。随着 KDD 在学术界和工业界的影响越来越大，于 1995 年 KDD 组委会将专题讨论会更名为国际会议，每年均召开一次，第一次 KDD 国际学术会议是在加拿大蒙特利尔市召开。1998 年在美国纽约举行的第四届知识发现与数据挖掘国际学术会议不仅进行了学术讨论，并且有 30 多家软件公司展示了它们的数据挖掘软件产品，不少软件已在北美、欧洲等国得到应用。

用数据库管理系统来存储数据，用机器学习的方法来分析数据，挖掘大量数据背后的知识，正是这两者的结合使得 KDD 技术应运而生。Usama M. fayyad[15] 等人给出了 KDD 描述性定义：KDD 是从大量数据中提取出可信的、新颖的、有效的并能被人理解的模式的高级处理过程。通过这一过程，感兴趣的知识或高层信息可以从数据库相关数据集中抽取出来并进行研究。KDD 也可以这样来描述：它是指对真实数据库（具有大数据量、不完全性、不确定性、结构性、稀疏性等特征）中数据所隐藏的、先前未知的及具有潜在应用价值的信息进行非平凡抽取，这些信息包括知识、规则、约束和正则性等。

近几年来，国际上对 KDD 的研究已取得了一定的成果，许多研究院和大型计算机公司开发出了一些较成型的产品或工具，不同的工具可以完成不同的数据挖掘任务，并可利用不同的方法达到同一目标。

与国外相比，国内对 KDD 的研究稍晚，没有形成整体力量。1993 年国家自然科学基金才首次支持对该领域的研究项目。目前，国内的许多科研单位和高等院校竞相开展知识发现的基础理论及其应用研究，这些单位包括清华大学、中科院计算技术研究所、空军第三研究所、海军装备论证中心等。北京系统工程研究所对模糊方法在知识发现中的应用进行了较深入的研究，北京大学也在开展对数据立方体代数的研究；华中理工大学、复旦大学、浙江大学、中国科技大学、中科院数学研究所、吉林大学等单位开展了对关联规则开采算法的优化和改造；南京大学、四川联合大学和上海交通大学等单位探讨、研究了非结构化数据的知识发现以及 Web 数据挖掘；北京科技大学知识工程研究所主要从事 KDD 内在机理的研究，在国内外率先构建并逐步完善与拓展了基于内在机理的知识发现理论 KDTIM。

1.2.2 KDD 技术研究和应用存在的问题与发展趋势

目前，KDD 技术的研究还有待进一步完善，其应用还存在较大的局限性，具体表现在以下几方面：

（1）数据挖掘算法的有效性与可测性问题。数据挖掘的对象向更大型的数据库、更高的维数和属性之间更复杂的关系方向发展，从而导致组合爆炸，大大提高了知识搜索的代价。从一个大型数据库中抽取知识的算法必须高效、可测量，否则就不具有实用价值。

（2）多种形式的输入数据问题。目前，数据挖掘工具能处理的数据形式有限。

（3）与数据库的无缝连接问题。当前的数据分析工具倾向于离线存取数据库，这就会导致大量费时的重复性的 I/O 处理。

（4）用户参与领域知识问题。目前的数据挖掘系统或工具很少能真正做到让用户参与到挖掘过程中。将相关领域的知识融入数据挖掘系统中是一个重要但没有很好解决的问题。

（5）证实（Validation）技术的局限问题。数据挖掘使用特定的分析方法或逻辑形式发现知识，比如，归纳或演绎。但是系统却没有能力去证实发现的知识，使得发现的知识没有普适性而不能成为有用的知识。

（6）不同技术的集成问题。任何算法都不是万能的，一个真正有用的工具必须为解决不同的问题提供不同的解决方法。因此，重要的是提出一种体系结构，使得新方法易于合成，已有方法便于运用。

（7）知识的表达和解释机制问题。在许多实用系统中，最为重要的是用户能够理解发现的知识。只有当 KDD 系统能提供更好的解释机制，用户才能更有效地评价这些知识。

（8）知识的维护和更新问题。目前研究采用增量更新的方法、数据快照和时间戳等方法对知识进行动态维护和及时更新。比如，D. W. Cheung 等人提出了维护关联规则的增量算法。

（9）支持的局限、与其他系统的集成问题。目前的数据挖掘系统尚不能支持多种平台。数据挖掘系统和其他一些用户已经熟悉决策知识系统的有机集成，对于系统充分发挥作用是非常重要的。

（10）数据私密性和安全性问题。可通过改进数据库安全方法，阻止非法侵入，以避免信息泄露和丢失。

1.2.3　基于内在认知机理的知识发现理论

综观知识发现的理论和技术方法的发展状况与存在的问题，杨炳儒教授对知识发现的内在机理进行了全面和深入的研究。从知识发现、认知科学与智能系统等多学科交叉结合的角度，以认知自主性为核心概念，将知识发现视为一个开放的和不断进化的认知系统，研究它的系统结构、方法、进化与运行机制。并于 1997 年提出了知识发现系统内在机理的研究方向[16,17]（提出其涵盖的三个机制：双库协同机制、双基融合机制[18]、信息扩张机制），揭示了其作为认知系统潜在的本质、规律复杂性；在国内外率先独立构建并逐步完善与扩展了基于内在机理的知识发现理论 KDTIM（由 5 个层面组成）[19,20]。

第一层面（理论基础层）：由若干基础理论研究成果组成。如提出多层次结构逻辑、广义归纳逻辑因果模型；提出因果关系能行可判定方法、因果关系定性推理模型与方法；提出专家知识的归纳获取机制、语言场与语言值结构的知识表示方法等。

第二层面（内在机理层）：由相关的 3 个原理（即双库协同机制[21,22]、双基融合机制、信息扩张机制）构成的内在机理的内涵组成。其中包括：结构对应定理、可达关系概率估计定理、启发与维护协调算法；过程模型逻辑等价定理、RST 三类协调算法；参数演化定理、"不动点原理"与"突变性原理"等。

第三层面（结构模型层）：由内在机理研究诱导的 6 个新结构模型组成。其中包括：（1）基于双库协同机制的 KDD* 结构模型（用于处理结构化数据挖掘问题，它区别于固有的 KDD 模型）；（2）基于双库协同机制的复杂类型数据挖掘模型 DFSSM；（3）基于双基融合机制的 KDK* 结构模型；（4）KD（D&K）结构模型（它强调知识发现过程中的认知自主性，突出知识的自动发现）；（5）DKD（D&K）总体结构模型；（6）KDD* E 结构模型。

第四层面（技术方法层）：由内在机理和新结构模型派生出的10种新技术方法组成。其中包括：（1）挖掘关联规则的Maradbcm算法；（2）源于DFSSM模型的Web文本挖掘算法；（3）图像信息的相似模式挖掘算法；（4）基于知识库中事实与规则的KDK*归纳挖掘算法；（5）混沌模式的挖掘算法；（6）因果关联规则的挖掘算法；（7）源于KD（D&K）的关联规则的自动评价系统方法；（8）语言场和语言值结构的知识表示方法；（9）基于遗传算法与梯度下降法的挖掘聚类规则的算法；（10）源于KD（D&K）的分布式数据库（水平、垂直分片）关联规则挖掘算法等。

第五层面（智能系统层）：由新结构模型和技术方法作用于实用系统而引发出的4类基于内在机理研究的新型实用智能系统组成。其中包括：（1）ESKD——基于知识发现的广义诊断型专家系统；（2）IDSSIM——基于信息挖掘的智能决策支持系统；（3）IPSSIM——基于信息挖掘的智能预测支持系统；（4）CAIIS——基于知识发现的计算机辅助创新智能系统等。

1.3　空间数据挖掘概述

1.3.1　空间数据挖掘的研究现状与发展

遥感（RS）技术有广义和狭义之分。广义的遥感技术就是摄影测量，有一二百年的历史，经过了模拟摄影测量阶段、解析摄影测量阶段到现在的数字摄影测量时代。狭义的遥感技术是指卫星遥感，出现在20世纪70年代，其发展的主要标志是遥感传感器空间分辨率、光谱分辨率、时间分辨率不断提高（侦察卫星及Ikonos等商用卫星，其空间分辨率已提高到分米级[45]）以及传感器的多样化，如多光谱扫描仪、侧视雷达、成像光谱仪等。遥感像元成为现代网格地图的基础和主要数据来源。

目前，我们已经迈入了数字地球的时代，各国争相进行数字地球项目计划的实施。而卫星遥感是数字地球获取数据的主要手段之一，高分辨率卫星影像将是构成数字地球最基本的空间数据。遥感技术正在集多种传感器、多级分辨率、多谱段和多时于一身，以更快的速度、更高的精度和更大的信息量源源不断地提供对地观测数据[46]。

要很好地利用这些数据，就要快速自动地处理海量遥感数据，这是一个严峻的挑战。如何自动地从海量遥感数据中提取所需要的信息、挖掘隐含的知识，是空间数据挖掘和知识发现的关键问题之一。

地理信息系统（Geographic Information System，GIS）是以采集、存储、描述、分析和应用与空间地理分布有关的数据的计算机系统[30]。

GIS 技术诞生于 20 世纪 60 年代。目前，GIS 在全球以前所未有的速度迅猛发展。在我国，从 20 世纪 80 年代后期开始 GIS 技术也开始推广应用，相继建立了 1∶100 万和 1∶25 万国土基础信息系统以及其他许多专业信息系统，国产 GIS 基础软件在 90 年代逐步实现了实用化，以城市 GIS 为代表的应用型 GIS 迅速发展和应用，许多城市已经建立了城市规划管理和土地管理等 GIS 系统并投入了业务化运行。GIS 已经深入到国民经济的各个方面，成为一种大众化的信息技术。

尽管 GIS 获得了广泛的应用，但是，至今许多 GIS 的理论问题没有得到很好的解决，比如集成化空间数据模型与数据结构、GIS 的目标/空间建模、空间数据质量和不确定性、真三维和带时间坐标的四维 GIS 等。

WebGIS（即互联网 GIS）是指基于 Internet 平台、客户端应用软件采用 www 协议运行在万维网上的地理信息系统[29]。WebGIS 近年来得到了很大的发展，其目标是能像在互联网上浏览网页一样快速简便地浏览空间数据，并实现了小数据量上的特定应用，如 Yahoo 网站上的电子地图服务可以快速地实现地理定位和最优路径查询，但现有的 GIS 技术还不能在互联网上以多种比例尺任意漫游和浏览大量的空间数据，离 WebGIS 的理想目标还相距甚远，有待技术上的突破。

目前，GIS 正与 RS 和全球定位系统 GPS 技术相结合，向集成化、自动化及智能化方向迈进。

1.3.1.1 空间数据挖掘的产生

空间数据挖掘（Spatial Data Mining，SDM），是指从空间数据库中提取用户感兴趣的空间模式与特征、空间与非空间数据的普遍关系及其他隐含在空间数据库中的普遍的数据特征[31]。Jiawei Han 等人认为："空间数据挖掘是指对空间数据库中非显式存在的知识、空间关系或其他有意义的模式等的提取。"[32]。空间数据挖掘对于理解空间数据，寻找空间与非空间数据之间内在关系，以简洁方式表达空间数据规律起着重要作用。SDM 可广泛地应用在智能 GIS、遥感影像处理和气象预报等领域。

空间数据挖掘技术的产生来自两个方面的推动力。

首先，由于数据挖掘研究领域的不断拓展，由最初的关系数据和事务数据挖掘，发展到对空间数据库的挖掘。空间信息正在逐步成为各种信息系统的主体和基础。空间数据是一类重要、特殊的数据，有着比一般关系数据库和事务数据库更加丰富和复杂的语义信息，包含着更丰富的知识。因此，尽管数据挖掘最初产生于关系数据库和事务数据库，但由于空间数据的特殊性，从空间数据库中发掘知识很快引起了数据挖掘研究者的关注。许多数据挖掘方面的研究工作也从关系型和事务型数据库扩展到空间数据库。

其次，在地学领域，随着卫星和遥感技术的广泛应用，日益丰富的空间和非空间数据收集和存储在空间数据库或数据仓库中，海量的地理数据在一定程度上已经超过了人们的处理能力，同时，传统的地学分析难以胜任从这些海量的数据中提取和发现地学知识，正如 John Naisbett 所说，"我们已被信息所淹没，但是却正在忍受缺乏知识的煎熬"。这给当前 GIS 技术提出了巨大的挑战，迫切需要增强 GIS 分析功能，提高 GIS 解决地学实际问题的能力。数据挖掘与知识发现的出现很好地满足了地球空间数据处理的需要，推动了传统地学空间分析的发展。根据地学空间数据的特点，将数据挖掘方法引入 GIS，形成地学空间数据挖掘与知识发现的新型地学数据分析理论。

目前，国内外都开展了空间数据挖掘与知识发现方面的研究。加拿大 Simon Fraser 大学计算机科学系的 Jiawei Han 教授领导的小组较早对此进行全面的研究，并在 MapInfo 平台上建立了空间数据挖掘的原型系统 Geo Miner，实现了空间数据特征描述、空间比较、空间关联、空间聚类等空间挖掘方法。国内武汉大学李德仁教授最早关注到从 GIS 数据库中发现知识的问题，提出从 GIS 数据库可以发现包括几何信息、空间关系，几何性质与属性关系以及面向对象知识等多种知识。

空间数据挖掘不仅在地理信息系统、地理市场、遥感、图像数据勘测、医学图像处理、导航、交通控制、环境研究等领域有着广泛的应用，空间数据挖掘还可以用于对空间数据的理解、空间关系和空间与非空间数据关系的发现、空间知识库的构造、空间数据库的重组和空间查询的优化[33]。

1.3.1.2 空间数据的表示

空间数据的属性可分为两大类：非空间属性和空间属性。非空间属性的数据类型又包括传统的数值型和字符型数据，如整数、日期、字符串等；空间属性的数据类型相对复杂，如点、线、多边形等。空间对象间的关系更加复杂，基本的空间关系有测量关系（如距离）、方向关系（如西北方向）和拓扑关系（如相邻）。非空间属性和空间属性之间往往通过指针发生联系。

目前，主要的空间对象表示方法是主题图，它用来表现一种或几种属性的空间分布，其具体的表示方法有栅格表示法和矢量表示法。栅格表示法将主题图中的像素直接与属性值相联系，比如，不同的属性值对应不同的像素灰度值（或者颜色）；矢量表示法用点、线、多边形等几何形状来描述空间对象，通常采用标有主题属性值的对象边界。另外，还有一种特殊的空间数据库，它几乎完全由图像构成，主要用于遥感、医学成像等，通常以栅格数组来表示图像亮度。

1.3.1.3 空间数据的数据结构

空间数据包括点、线、多边形等。

空间数据结构的关键问题是完成对空间对象的快速查找，因此必须给空间数据建立索引，为此引入了多维树。最为常用的空间数据访问方法是 R-树[34] 和它的变形 R*-树和 R+-树。R-树中存储的空间对象以最小约束矩形（MBR）来近似，它的每个节点存储一个矩形的集合。叶节点中存储了指向多边形边界表示的指针和该多边形的 MBR，在非叶节点，所存储的每一个矩形都和一个指向子节点的指针相连，并且该矩形是其指向的子节点中所有矩形的 MBR。

R-树的一个缺点是随着维数的增加，性能急剧下降，文献 [35] 提出了新的高维数据索引结构 X-树。

1.3.1.4 空间数据的基本操作

通常的空间数据基本操作包括空间连接和图覆盖等，其中空间连接是计算量最大的空间操作。Brinkhoff 等人利用 R*-树和各种空间对象近似提出了一种空间连接多层处理过程，提高了这一操作的效率。Martin Ester 等人通过扩展空间数据库系统（SDBS）的数据结构和数据操作，使空间数据挖掘算法和 SDBS 的数据库管理系统紧密结合起来，从而加快了空间数据挖掘算法的速度。他们提出一种独特的空间数据结构——邻接图，用以表示空间对象的相邻关系。在这种邻接图的基础上又提出 4 种基本的空间数据操作：get_nGraph，get_neighborhood，create_nPaths，extend。运用这 4 种基本操作可以表示各种各样的数据挖掘算法。

1.3.1.5　在 GIS 中应用数据挖掘的必要性和可能性

许多事物之间都存在着千丝万缕的联系，在描述客观世界的数据中必然存在其内部的相互依赖性。如果能从这些数据中找出其规律性或相互联系，就可以反过来推断客观世界的情况。GIS 是一个对地球表面及空间物体描述的信息系统，其数据库中丰富的数据和信息本身就是大自然和人类社会活动的双重产物，专家系统中所需要的许多知识就可能隐藏在 GIS 数据库中。若能利用 DM 技术，从 GIS 的空间和属性数据中得出有关自然界与人类活动的内在规律，就必将为专家系统在 GIS 中的应用和发展提供新的手段和方法，也将为 GIS 自身的发展提供更广阔的前景。

一方面，GIS 的应用需要 DM 技术的帮助，这种需要使得 GIS 必将成为 DM 的一个极好的应用领域。因为 GIS 数据库中不仅包含了大量的属性数据，而且还包含了大量的空间数据。社会上许多行业需要 GIS 作决策支持和规划管理，而且各应用领域的特点互不相同，都存在着许多显著的但又不充分的领域知识。另一方面，DM 在 GIS 中的应用必将促进 DM 自身的发展。因为，GIS 数据库中含有的大量的空间数据比 DM 已有的应用领域中的数据类型更加丰富和复杂。

1.3.1.6　GIS 数据库中可以发现的知识类型

A　有关目标的几何信息知识

从 GIS 的图形数据库中，可以很方便地得到关于某一类目标的位置、形状、大小及结构等几何特征，通过归纳与演绎的方法就可得出关于该类地物目标（如飞机场、运动场、果园等）

的一般性（或规律性）的几何信息知识。

B　目标与目标之间的相连、相邻与共生关系的知识

从 GIS 的图形和属性数据库中，不难发现目标间的相连
（如火车站与铁路相连）、相邻（房屋与道路相邻）及共生关系
（如蒙古包与草场的关系）。

C　目标的几何性质与属性之间关系的知识

将 GIS 中的空间数据与属性数据对应起来，可发现目标的
几何与属性之间的对应关系。如，山区植被的垂直地带性，在
不同的高度和坡度生长着不同的植被。在郊区以植被为主，以
建筑物为辅；在城市以建筑物为主，以植被为辅。在北方以旱
季作物为主，在南方以水稻为主。这些知识对遥感影像的判读
是十分有效的。

D　面向对象的知识

若 GIS 中采用了面向对象的数据模型，则可以很方便地提
供"超类—类—子类"目标之间的知识继承、传播和集成。因
此，只要借助于 GIS 中有效的空间分析工具、面向对象的数据
模型和 DM 技术，便可以从 GIS 中提取对 CIS 分析、应用、更新
等方面所需要的知识。

E　空间演变规则

若 GIS 数据库是时空数据库或 GIS 数据库中存有同一地区
多个时间数据的快照（Snap-shot），则可以发现空间演变规则。
空间演变规则是指空间目标依时间的变化规则[33]，即哪些地区
易变，哪些地区不易变，哪些目标易变、怎么变，哪些目标固
定不变。

F　空间分类（聚类）规则

空间聚类是指根据空间对象特征的聚散程度将其划分为不
同类别的、可用于 GIS 的空间概括和综合。空间分类规则是根
据对象的空间或非空间特征将对象划分为不同的类别的规则。
遥感图像的分类和聚类是遥感图像挖掘的重要内容。遥感图像
挖掘主要是发现分类和聚类规则，并将这些规则应用于后续的

遥感影像解译中。

1.3.1.7 空间数据挖掘总体理论框架及其发展

研究者们从不同的角度研究数据挖掘和知识发现（DM&KD），提出了多种不同的知识发现总体理论框架，针对空间数据挖掘，对其总体理论框架进行了拓展。

1.3.1.8 发现状态空间理论

发现状态空间理论（Discovery State Space Theory）是由李德毅等人提出并完善的[36]。

在知识发现状态空间进行的多种知识汇集和发现操作分成3个方向，即面向属性的操作、面向元组的操作和面向知识模板的操作。

空间数据具有多尺度性。如在大比例尺数据库中的单个房屋是面状目标，在小比例尺数据库中变为点状目标等。针对空间数据所具有的多尺度性，在原有的知识发现状态空间的基础上，增加了尺度维，形成了如图1.1所示的四维空间知识发现状态空间。

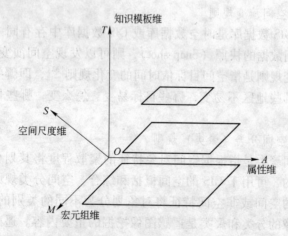

图 1.1　空间知识发现状态空间

在空间知识发现状态空间中，尺度维与属性、宏元组和知识模板3个维度相互交融，当空间对象从一个空间尺度跨越到另一个空间尺度时，其属性、宏元组和知识模板都可能随之改变。在实际实施数据挖掘时，一般先将空间对象通过尺度处理，然后确定在其余维度上的状态，实施数据挖掘算法。这一过程往往需要循环多次，使数据和知识在发现状态空间中运动和汇集，最终获得用户感兴趣的知识。

1.3.1.9 基于内在机理的知识发现理论

基于内在机理的知识发现理论 KDTIM 是由北京科技大学知识工程研究所杨炳儒教授提出的知识发现理论框架。该理论框架将知识发现的过程归结为 5 个层次：理论基础层、内在机理层、新结构模型层、新技术方法层和新型实用智能系统层。

KDTIM 从知识发现、认知科学与智能系统等多学科交叉结合的角度，以认知自主性为核心概念，将知识发现视为一个开放的和不断进化的认知系统，研究它的系统结构、方法、进化与运行机制。KDTIM 是杨炳儒教授综观知识发现的理论和技术方法的发展状况与存在的问题的基础上，对知识发现的内在机理进行了全面和深入研究的成果。

目前，该理论框架还没有应用于对空间数据的数据挖掘中。

1.3.1.10 空间数据挖掘的体系结构

数据挖掘有各种各样的体系结构，如，Han 提出的通用数据挖掘原型 DBLEARN/DBMINER[37]、Holsheimer 等人的并行体系结构[38]、Matheus 等人的多组件体系结构[39]。所有这些体系结构都可将其扩展用于空间数据挖掘。

A　多组件体系结构

Matheus 等人提出的多组件体系结构要更通用一些，已经被一些研究者所采纳，该体系结构如图 1.2 所示。

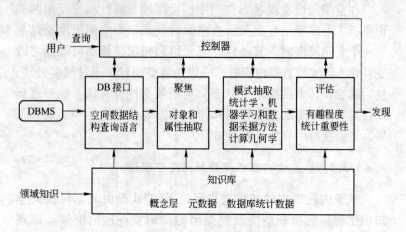

图 1.2　空间数据挖掘的多组件体系结构

B　GeoMiner 的体系结构

GeoMiner[40]是加拿大 Simon 大学开发的一个空间数据采掘系统原型。该系统在空间数据库建模中使用 SAND[41]体系结构，包含三大模块：空间数据立方体构建模块、空间联机分析处理（OLAP）模块和空间数据采掘模块，采用的空间数据采掘语言是 GMQL。目前已能采掘 3 种类型的规则：特征规则、判别规则和关联规则。其体系结构如图 1.3 所示。

1.3.1.11　空间数据挖掘和知识发现方法

A　统计空间分析方法

统计空间分析方法（Statistical Spatial Analysis Method）是分析空间数据的最常用的方法。统计方法有较强的理论基础，拥有大量的算法[42]，并包含多种优化技术。它能够有效处理数值型数据，通常会导出空间现象的现实模型。

但是，统计方法基于统计不相关假设，而实际上在空间数据库中许多空间数据通常是相关的，即空间对象受其邻近对象的影响，难以满足这种假设。采用对依赖变量带有空间保护的

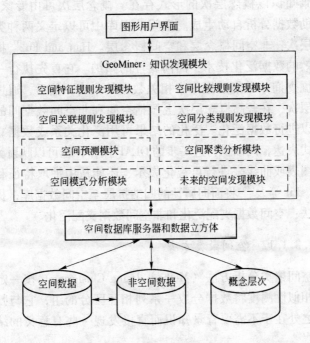

图 1.3　GeoMiner 的体系结构

客观分析法（Kriging）或回归模型能在某种程度上减轻这个问题。但是，这样会使整个建模过程过于复杂，只能由具有相当领域知识的统计学专家来完成，终端用户难以采用该技术来分析空间数据。另外，统计方法对非线性规则不能很好建模，处理字符型数据的能力较差，难以处理不完全或不确定性数据，而且运算的代价较高。文献［15］中提出了一些方法用以克服统计学空间分析方法的缺点。

　　B　基于概化的数据挖掘方法

　　基于概化的数据挖掘方法（Generalization-based Knowledge Discovery）也就是基于泛化的方法。数据库中的数据和对象在原始的概念层次包含有详细的信息，经常需要将大量数据的集合进行概括并以较高的概念层次展示。基于泛化的知识发现假定背景知识以概念层次的形式存在。概念层次可由专家提供，或借助数据分析自动生成。空间数据库中可以定义两种类型的概念层次：非空间概念层和空间概念层。Han and Fu[37] 提出一个有效的数据泛化技术：面向属性的归纳。它首先执行一个数据采掘查询，采集数据库中相关数据的集合，然后，通过提升泛化层次，在较高概念层次上概括空间和非空间数据间的泛化关系以进行数据泛化。泛化的结果可用泛化关系或数据立方体的形式表达，用以执行进一步的 OLAP 操作，也可以映射为概括表、图表或曲线来进行可视化表示，还能从中抽取特征和判别规则。Lu 等人[46] 将面向属性的归纳扩展至空间数据库，提出两个算法：空间数据支配泛化和非空间数据支配泛化。

1.3.1.12 空间聚类方法

空间聚类分析方法（Methods Using Clustering）按一定的距离或相似性测度将数据分成一系列相互区分的组，它与归纳法不同之处在于不需要背景知识而直接发现一些有意义的结构与模式[42]。

A 基于随机搜索的聚类方法

基于随机搜索的聚类方法（Clustering Large Applications based upon RANdomized Search，CLARANS）由 Ng 和 Han[43] 提出，其聚类过程可以表示为查找一个图，图中的每个节点都是潜在的解决方案。在替换一个中心点后获得的聚类称为当前聚类的邻居。随意测试的邻居的数目由参数 maxneighbor 限制。如果找到一个更好的邻居，将中心点移至邻居节点，重新开始上述过程，否则在当前的聚类中生成一个局部最优。找到一个局部最优后，再任意选择一个新的节点重新寻找新的局部最优。局部最优的数目被参数 numlocal 限制。可以看到，CLARANS 并不搜索遍所有的求解空间，也不限制在任何具体的采样中。CLARANS 每次迭代的计算复杂度与对象的数量基本呈线性关系。CLARANS 也可检测出离开本体的部分，例如不属于任何聚类的点。基于 CLARANS 的空间数据聚类算法也有两种：空间支配算法和非空间支配算法。CLARANS 方法的缺点是要求要聚类的对象必须预先都调入内存里，这对非常大的空间数据库是不合理的。

B CLARANS 聚焦法

抽样方法可提高聚类算法的效率，但差的抽样会导致差的聚类质量。Ester 等人[44]利用空间数据结构提出了提高抽样质量的算法。该算法仅仅聚类 R^*-树叶节点最中央的对象。因为在叶节点中仅存储了邻近的点，所以损失的聚类质量很小，在实验中约为 1.5% ~ 3.2%，而聚类的速度大约提高了 50 倍。另外一种技术是利用 R^*-树结构仅在对象对上执行计算，以提高聚类的效率。聚焦方法通过引入 R-树方法可用于处理人型数据，缺点是 R-树的构建并不容易而且要耗费相当的计算量。

C 平衡迭代消减聚类法

Zhang Tian 等人提出平衡迭代消减聚类法（Balanced Iterative Reducing and Clustering Hierarchies，BIRCH）[45]，以解决上述聚焦方法的难点。它是一种较为灵活的增量式聚类方法，能根据内存的配置大小而自动调整程序对内存的需要。

BIRCH 算法具有良好的算法伸缩性、对数据输入顺序不敏感性以及较好的聚类效果。该方法是一种通用技术，可用于各种聚类算法，是比较常用的一种聚类算法。

D 大型空间数据库基于距离分布的聚类算法

Xu 等人[46]提出大型空间数据库基于距离分布的聚类算法（Distribution Based Clustering of Large Spatial Databases，DBCLASD），与 CLARANS 算法相比，它可以发现高质量的任意形状的聚类，而与 DBSCAN（Density Based Spatial Clustering of Applications with Noise）相比，它不需要任何输入参数。DBCLASD 的效率介于 CLARANS 算法与 DBSCAN 算法之间，接近于 DBSCAN 算法。

E　采用遗传算法进行空间聚类

一般的聚类算法都采用所谓的"爬山法"来寻求局部最优，而 Vladimir 提出利用遗传算法进行启发式搜索来寻找聚类的中心点，得到的聚类质量证明比普通聚类要好。

F　基于分割的方法

基于分割的方法包括 K-平均法、K-中心点法和 EM 聚类法。它们都是采用一种迭代的重定位技术，尝试通过对象在划分间移动来改进聚类效果。由于这类方法适用于发现大小相近的球状簇，故常用在设施选址等应用中。

G　基于层次的方法

基于层次的方法固定数据对象的关系，而只是对对象集合进行分解。根据层次的分解方式，这类方法可分为凝聚和分裂两种。BIRCH、CURECHAMELEON 是上述方法的改进。

H　基于密度的方法

其主要思想是：对给定类中的每个数据点，在一个给定范围的区域中必须包含超过某个阈值的数据点，才继续聚类。它可以用来发现任意形状的簇，过滤"噪声"。代表性的方法有：DBSCAN, OPTICS, DENCLUE。

DBSCAN[47]基于聚类中密度的概念，用来发现带有噪声的空间数据库中任意形状的聚类。该算法的效率较高，但算法执行前需输入阈值参数。

另外，也有一些 DBSCAN 算法的改进算法，如基于数据取样的 DBSCAN 算法[48]就是在分析 DBSCAN 算法不足的基础上，提出了一种基于数据取样的 DBSCAN 算法，使之能够有效地处理大规模空间数据库。

文献[49]以 DBSCAN 为基础，提出了一种基于密度的快速聚类算法。新算法以核心对象邻域中所有对象的代表对象为种子对象来扩展类，从而减少区域查询次数，降低 I/O 开销，实现快速聚类。对二维空间数据测试表明：快速算法能够有效地对大规模数据库进行聚类，速度上数倍于已有 DBSCAN 算法。

I 基于栅格的方法

基于栅格的方法把对象空间化为有限数据的单元，形成一个网格结构。该方法处理速度快，处理时间独立于数据对象的数目。该类方法包括：STINGI 法、STING + 法、WaveCluster 法和 CLIQUE 法。

J 基于数学形态学的聚类算法

基于数学形态学的聚类算法（Mathematical Morphology based Clustering algorighm，MMC）由邱凯昌、李德仁、李德毅提出[50]。该算法可处理任意形状的聚类；用启发式的方法自动地确定最优聚类结果，在存在噪声的情况下仍能得到最优结果，具有稳健性；适应于点状、线状和面状目标，并且可以在矢量系统中实现，在空间数据挖掘和知识发现中具有实用价值，便于并行高速处理。

另外，目前还出现了一些新的空间聚类算法，如文献 [51] 中还介绍了一种基于密度和网格的聚类分析算法——蚁群爬山法（ACH），这种算法能自动获得簇数 k 的值和任意形状的簇的划分，并具有较好的并行性。通过对网格大小的控制可获得不同层次的聚类结果。文献 [52] 中引入了 SVM，构造二叉树对多类问题进行层次聚类分析。该算法采用 SVM 对两类问题进行识别，通过合并逐步由底向上构造二叉树，最终二叉树的数目即为聚类数。它适合任意形状的聚类问题，而且可以确定最优聚类的结果，并适于高维数据的分析。文献 [53] 在分析 DB-SCAN 算法不足的基础上，提出了一个基于数据分区的 DBSCAN 算法。文献 [54] 根据可能性理论，从聚类集合的对象之间的相似度上考虑提出了可能性匹配，它通过可能相似程度和必要相似程度概念来表达，可能相似程度尽可能地消除人聚类的主观误差，而必要相似程度尽可能保存信息，符合人们的思维方式，认为在聚类分析广泛应用的现实中具有较好的应用前景。文献 [55] 提出的算法引入了 SVM，构造二叉树对多类问题进行层次聚类分析。该算法采用 SVM 对两类问题进行识别，通过合并逐步由底向上构造二叉树，最终二叉树的数目即为聚类数。它适合任意形状的聚类问题，而且可以确定最优聚类的结果，并适于高维数据的分析。文献［56］提出了一种新的基于参考点和密度的 CURD（Clustering Using References and Density）聚类算法，该算法通过参考点来准确地反映数据的空间几何特征，然后基于参考点对数据进行分析处理。CURD 算法保持了基于密度的聚类算法的上述优点，而且 CURD 算法具有近似线性的时间复杂性，因此适合对大规模数据的挖掘。文献［57］提出了 FFCAS（Fast Finding the Clusters of Arbitrary Shape）聚类算法，用于快速发现任意形状的聚类。先将每个对象分配到很小的 ε-邻域，即原子聚类，然后找出高浓度的核心原子聚类，再消除所有的冗余原子聚类，仅用边界来表示聚类，大大减小了存储空间。该算法的运行时间与数据库中的对象数目呈线性关系，对异类的敏感性低，对大型、高维数据库也有效。

1.3.1.13 空间分类方法

在数据分类中，一个样本数据库被当做一个训练集，训练集保持了总数据库中的所有属性，分类的目标首先是对训练集进行分析，使用数据的某些特征属性，给出每个类的准确描述，然后使用这些描述，对总数据库中的其他数据进行分类或者为每个类产生更好的描述即分类规则。决策树方法是常用的数据分类方法之一。决策树方法分类的最终结果是一棵决策树，树的所有叶子是一个类名，所有内部节点的分支对应了每个属性的可能值[59]。

虽然统计学和机器学习领域针对关系型数据已有一系列分类方法[59~61]，但是，地理数据包含空间对象和这些对象的非空间描述，空间分类的标准不仅包含对象的非空间属性，还包含分类对象与其他对象间的空间关系，因此具有与普通分类不同的难点。

（1）Fayyad[59]采用了决策树方法，对于 TB 数据容量的银河图像进行了分类。

（2）Ester 等人提出一种空间对象分类方法[62]，该方法采用 ID3 算法，并使用邻域图的概念，分类标准基于分类对象的非空间属性以及描述分类对象与其邻近位置相关对象间空间关系的属性、谓词和函数。该方法的缺点是没有分析邻近对象非空间属性的聚合值，而实际中如果一个对象在其邻近区域内某属性的聚合值与另一个对象邻近若干个区域内对应属性的聚合值相同，那么这两个对象的属性就应视为类似。另外，该算法也没有进行相关性分析，可能会生成低质量的决策树。而且，算法没有考虑非空间和空间属性值中可能存在的概念层次。

（3）Ng 和 Yu 提出了一种方法以抽取专题地图上聚类的强的、公共的、判别性的特征[63]，提出聚类特征值的度量。在搜索聚类公共特征的过程中，算法选择那些主题值与聚类值最类似的主题；而在搜索聚类判别特征的过程中，算法选择能最好地判别两个聚类的主题。该算法仅适用于分析专题地图的属性值。

（4）Koperski 和 Han 对 Ester 等人的算法[62]中相应的问题进行了改进[64]，使得计算时间复杂度降低。但是，基于决策树的分类算法不适合处理带有不完整信息的问题。空间数据分类标准中包含数据间的空间关系，从某个训练数据集来讲，空间属性极有可能缺失。如果输入数据出现了不一致、噪声等情况，决策树算法可能会造成误分，就会严重影响决策树算法的预测准确度。因而采用决策树空间分类算法不能很好地体现地理空间关系对于分类的影响。

（5）文献［65］提出了一个空间分类规则挖掘问题，并为解决该问题介绍了一种空间分类规则挖掘的决策树算法。

（6）文献［66］分析和比较了现有的几个空间数据分类方法的利和弊，提出利用 Rough set 的三阶段空间分类过程。通过实验结果表明，该算法对于解决包含不完整空间信息的问题是有效的。

目前，空间数据分类的研究尚处在起步阶段，对空间数据分类的方法尚需进一步的研究[67]。

1.3.1.14 挖掘空间关联规则的方法

空间关联规则（Spatial Association Rules）是空间实体之间同时出现的内在规律，指空间实体间相邻、相连、共生和包含等空间关联规则，发现的知识采用逻辑规则表达。空间关联规则是空间数据挖掘的重要知识内容[68]。目前许多用于挖掘数据库中关联规则的方法被应用于空间数据库或空间数据仓库。

当空间数据库是时空数据库或存有同一地区不同时间的历史数据时，可以把空间实体数据之间的关联规则与时间相连，挖掘带时间约束的空间序列规则。基于时序的空间序列规则（Spatial Serial Rules）根据空间实体数据随时间变化的趋势预测将来的值。为了发现序列规则，不仅需要知道空间实体是否发生，而且需要确定事件发生的时间。

空间关联是将一个或多个空间对象与其他空间对象相关联。Agrawal 等人引入关联规则的概念是为了采掘大型的事务型数据库。Koperski 等人将这个概念扩展至空间数据库[69]。

空间关联规则的形式是 $X \rightarrow Y$（$c\%$），X 和 Y 都是空间或非空间的谓词的集合，$c\%$ 是规则的可信度。空间谓词有 3 种形式：表示拓扑关系的谓词，如，相交、覆盖等；表示空间方向的谓词，如，东、西、左、右等；表示距离的谓词，如接近、远离等。在大型数据库中，可能存在大量的对象间的关联，但其中大部分只适用于少量对象，或者规则的可信度较低。空间关联规则使用两个阈值：最小支持度和最小可信度，以过滤出描述少量对象的关联和具有低可信度的规则。在对象非空间描述的不同层次上这两个阈值均不相同，因为，如果使用相同的阈值，在低的概念层次上可能找不到有趣的关联，原因是此时满足相同谓词的对象的数目可能相当少。

目前，空间关联规则发现的研究，主要集中在提高算法的效率和发现多种形式的规则两个方面，并以逻辑语言或类 SQL 语言方式描述规则，以使 SDMKD 趋于规范化和工程化[70]。

1.3.1.15　空间数据采掘查询语言

数据挖掘语言，根据功能和侧重点不同，将其分为 3 种类型[71]，数据挖掘查询语言、数据挖掘建模语言、通用数据挖掘语言。现在的各种数据挖掘语言还存在着许多局限性，因此，开发一种全面的开放的数据挖掘语言标准是当前的重要课题[72]。

到目前为止，尚没有对空间数据采掘查询语言 SDMQL（Spatial Data Mining Query Language）的定义。Han 等人[22]为了采掘地理空间数据库设计了一种地理数据采掘查询语言 GMQL（Geo-Mining Query Language），它是对空间 SQL 的扩展，并成功地应用于空间数据采掘系统原型 GeoMiner 中。GMQL 可作为制定 SDMQL 的基础，以进一步界定 SDMQL 语言的基本原语。

SDMQL 的设计指导原则应为：

（1）在空间数据采掘请求中应说明用于采掘的相关数据集；

（2）在空间数据采掘请求中应说明想要采掘的知识的种类；

（3）采掘过程中应该可能运用相关的背景知识；

（4）采掘结果应该能用较概括的或多层次概念的术语来表述；

（5）应能够说明各种各样的阈值，使得可以灵活地过滤掉那些不是很令人感兴趣的知识；

（6）应采用类似 SQL 的语法以适应在高级语言的水平上进行数据采掘并与关系查询语言 SQL 保持自然的融合。

此外，图像分析和模式识别，空间分析方法，遗传算法（Genetic Algorithms），人工神经网络（Artificial Neural Networks）等都被用于 DM 中[73~75]。当然为了发现某类知识，常常要综合应用这些方法。知识发现方法还要与常规的数据库技术充分结合。例如，在时空数据库中挖掘空间演变规则时，首先，可利用空间数据库的叠置分析等方法提取出变化了的数据，再综合统计方法和归纳方法得到空间演变规则。此外，除了上述方法外，还有一些其他方法，如，数据可视化技术、知识表示技术等。虽然这些方法并不普遍地应用于 DM，但它们的一些处理方法也许会对 DM 有所启发。

1.3.1.16　空间数据挖掘与知识发现的理论

A　模糊集理论

对于空间关系中的不确定性，通常采用模糊集理论（Fuzzy Set Theory）加以描述。模糊集理论的优势在于利用隶属函数刻画空间关系的不确定性，用部分归属代替了归属的概率。模糊集的思想已渗透到空间数据知识发现的各种方法之中，如模糊聚类与分类、模糊神经网络、模糊专家系统等[76]。

在实际应用中，模糊集可被应用于 GIS 中主题图的准确性评估以及面积估计[77]。此外，在土地覆盖数据的查询中，可将模糊集的运算代替多条件的复合查询，并在 GIS 中确定符合复合查询条件的区域[78]。隶属函数虽然对不确定关系进行了成功的刻画，打破了非此即彼的传统概念，但其确定仍然需要借助先验知识，从而导致结果的多解性[79]。

B　Rough 集理论

Rough 集理论（Rough Set Theory）是波兰华沙大学 Z. Pawlak 教授在 1982 年提出的一种智能数据决策分析工具，它主要研究和广泛应用于不精确、不确定、不完全的信息的分类分析和知识获取。

Rough 集理论可用于 GIS 数据库属性表的一致性分析、属性的重要性、依赖、简化、最小决策和分类算法的生成，使得在保持普遍化数据的基础上，Rough 集用于普遍化数据的进一步简化和最小决策算法的生成，得以保持普遍化数据内涵条件下最大限度的精练知识[80]。

C　云理论

云理论（Cloud Set Theory）是由李德毅博士提出的用于处

理不确定性的一种新理论，由云模型、不确定性推理和云变换三大支柱构成[42]。云理论[82]是用于处理不确定性的一种新理论。云理论将模糊性和随机性结合起来，弥补了作为模糊集理论基石的隶属函数概念的固有缺陷[18,64]，为 DM 中定量与定性相结合的处理方法奠定了基础。

D　证据理论

证据理论（Evidence Theory）是概率论的一个扩展（又称 Dempster-shafer 理论），是由可信度函数（度量已有证据对假设支持的最低程度）和可能函数（衡量根据已有证据不能否定假设的最高程度）所确定的一个区间[83]。当证据未支持部分为空时，证据理论等同于传统概率论。证据理论将实体分为确定部分和不确定部分，可以用于基于不确定性的空间数据挖掘。利用证据理论的结合规则，可以根据多个带有不确定性的属性进行决策挖掘[84]。两两比较法也用于属性不确定性的知识发现[45,54,66]。证据理论发展了更一般性的概率论，却不能解决矛盾证据或微弱假设支持等问题[70]。

E　可能性理论

可能性理论[68~70]是 Zadeh A. 在其模糊集理论的基础上提出来的处理不确定、不精确数据或信息的一种方法，它是建立在模糊集理论上[36]。模糊集理论的发展使得该理论具有较完善的理论基础，而经由 Dubois D. , Prade H. , Smets P. 等人的发展，已经应用到实际的专家系统和推理系统中，由于它特别符合人类的思维方式，且以较低的信息量和时间计算复杂度，得到了越来越多学者的关注。可能性理论和其他理论（如与 TBM 等的结合）的结合是可能性理论研究的热点。

可能性理论是基于可能性测度和必要性测度的基础上的。可能性理论通过量化可能性测度和必要性测度，来处理不确定性和不精确性，可以说可能性理论的两个测度是信任函数的扩展，使信任函数具有两重性，这两个测度看做是信息到人的信息丢失的两个衡量函数，可能性测度衡量了信息（数据）从客观真实世界的信息到客体（人）的信息丢失程度，而必要性测度衡量了客体（人）获得的信息到描述或决策时的信息丢失程度，可以说可能性理论同人的自然语言传递的信息相似，因此，可能性理论特别符合人类的思维方式。

F　神经网络

神经网络（Neural Network）是由大量神经元通过极其丰富和完善的连接而构成的自适应非线性动态系统，并具有分布存储、联想记忆、大规模并行处理、自学习、自组织、自适应等功能[88]。神经网络在空间数据挖掘中可用来进行分类、聚类、特征挖掘等操作。

以 MP 和 Hebb 学习规则为基础，存在的神经网络可分为三类：用于预测、模式识别等的前馈式网络，如感知机（Perceptron）、反向传播模型、函数型网络和模糊神经网络等；用于联想记忆和优化计算的反馈式网络，如，Hopfield 的离散模型和连续模型等；用于聚类的自组织网络，如，ART 模型和 Koholen 模型等。Lee[89]在空间统计学中用模糊神经网络估计了处理空间分布异常的规则。此外，神经网络与遗传算法结合，也能优化网络连接强度和网络参数。

G　遗传算法

遗传算法（Genetic Algorithms）是模拟生物进化过程，利用复制（选择）、交叉（重组）和变异（突变）3 个基本算子优化求解的技术[90]。在空间数据挖掘中，把数据挖掘任务表达为一种搜索问题，利用遗传算法的空间搜索能力，经过若干代的遗传，就能求得满足适应值的最优解规则。当实施遗传算法时，首先要对求解的问题进行编码，产生初始群体，然后计算个体的适应度，再进行染色体的复制、交换、突变等操作，产生新的个体。

遗传算法目前有见应用于遥感影像特征发现中[91]。

1.3.1.17　空间数据挖掘的发展趋势

目前，国内外对空间数据进行挖掘的研究刚刚起步，取得的成果很少，仅有加拿大西蒙法拉色大学计算机科学系的 Han Jiawei 教授在原先 DBMiner 系统的基础上开发了针对空间数据的数据挖掘系统 GeoMiner 2.0，其他尚未有商业空间数据挖掘软件系统的报道。空间数据库的数据挖掘研究无论是在理论研究、相关软件原型的研制，还是理论方法的应用示范等方面都还处于发展初期，具体在地学时空模式的判定及分解、智能化的时空聚类和分类算法等方面，虽有了一定的发展，但还不成熟和完善；而时空关联规则模式的挖掘、地学数据的高维可视化分析等还处于起步阶段[92]。目前研究的热点问题主要有如下几个方面。

A　新的算法

（1）在面向对象（Object Oriented，OO）的空间数据库中进行挖掘。

目前，在实际中应用的空间数据采掘方法都假定空间数据库中采用的是扩展的关系模型。许多研究者指出，OO 模型比传统的关系模型或扩展关系模型更适合处理空间数据，如，矩形、多边形和复杂的空间对象可在 OO 数据库中很自然地建模。因此，可以考虑建立面向对象的空间数据库以进行数据采掘。需要解决的问题是如何使用 OO 方法设计空间数据库，以及怎样从数据库中采掘知识。目前，OO 数据库技术正在走向成熟，在空间数据采掘中开发 OO 技术是一个具有极大潜力的领域。文献[93]、文献[94] 对此问题作了初步探讨。

（2）空间数据分类领域尚需找到真正高效的空间分类方法，以处理带有不完整信息的问题。

（3）基于模式或基于相似性的挖掘以及元规则指导的空间数据采掘尚需探讨。

B　新的空间数据结构

空间数据挖掘的所有操作最终都要转化为一系列空间访问和空间运算，为了加快挖掘过程需要运用适当的数据结构对空间数据建立索引。

最为常用的空间数据结构是 R-树和它的变形 R*-树和 R+-树。Ester M. 针对空间数据挖掘操作定义了邻域图结构，并在邻域上定义了 4 种操作：Get_Graph，Get_Neighbourhood，Create_Path，Get_Path。这样所有的空间数据挖掘任务都可以转化为这 4 种操作。该结构已运用到 GeoKD 系统中。不过以上方法计算代价较大，仍然需要更进一步地研究效率更高的空间数据结构。

C　挖掘后的处理

数据挖掘系统具有产生数以千计、甚至数以万计模式或规则的潜在能力。但对于给定的用户，在可能产生的模式中，只有一小部分是感兴趣的。这样用户需要在挖掘过程之后，对产生的模式进行评估，以进一步过滤掉众多不感兴趣的模式。这种过滤操作可以通过评价模式的兴趣度来实现。

目前，有些学者对此进行了研究，如 Hilderman 和 Hamilton 应用客观兴趣度度量方法对所发现的关联规则进行评估，并提出了一个二步骤法对发现的关联规则（模式）进行排序，筛选出一个满足客观度量的简单模式集。Ludwig 等人专门研究兴趣度的一个重要方面——新颖性（Novelty），运用先验模型来度量规则的新颖性，并将该模型用于医学数据分析中。Silberschatz 和 Tuzhilin 基于奇异性（Unexpectedness）来定义规则的兴趣度。模型的奇异性是由用户定义的一组信念决定，包括软信念（Soft beliefs）和硬信念（Hard Beliefs）。Silberschatz 和 Tuzhilin 研究了模式的主观兴趣度度量方法，提出以模式的可用性和奇异性来度量模式的兴趣度，并提出了信念系统概念，为进一步研究模式的主观兴趣度度量方法提供了一个理论框架。

以上这些工作为模式兴趣度评估研究提供了基础，但由于兴趣度的度量包括主观和客观两个方面，目前许多研究工作都还只侧重一个方面或某一点。

另外，如何将这些评估准则综合应用到实际知识发现过程中，也是一个亟待解决的问题[31]。

D 空间数据挖掘与 GIS、RS 结合

集成性主要包括两个方面：

（1）多种算法的集成。空间数据挖掘是一个对数据不断求精，获得知识的过程。在这个过程中，需要把多种算法有机结合，以提高效率。

（2）多个系统的集成。空间数据挖掘是以空间数据库或空间数据仓库为基础进行数据挖掘，挖掘的结果应用到地理信息系统、遥感系统等应用领域中。这同样涉及到系统的互操作和数据格式转换等一系列系统集成的问题。

1.3.2 空间数据结构和空间数据库

1.3.2.1 空间数据的特征

广义上讲，空间数据是任何具有位置特征的数据，如，地理信息数据、医学影像、遥感图像等。而一般来说空间数据就是指地理信息数据（即地图数据）。因此，这里所说的空间数据，就是指地理空间数据。

地图数据是描述与地理位置、地理空间关系有关信息的载体。地图数据是对现实世界中的地物和地貌特征的抽象。地图数据除了具有一般数据的特征之外，还具有一些区别于其他数据的特性。地图数据的特征主要包括[95]：

（1）空间性。这是地图数据最主要的特性。它描述了空间物体的地理位置、形状和周围地物的空间位置拓扑关系。例如描述一条河流，一般数据侧重于河流的流域面积、水流量、枯水期等，而地图数据则侧重于河流的位置、长度、发源地等和空间位置有关的信息，以及河流与流域内其他的距离、方位等空间关系。空间性是地图数据区别于其他数据的标志性特征。

（2）多尺度与多态性。不同的观察尺度具有不同的比例尺和不同的精度，同一地物在不同的比例尺下就会有形态上的差异。比如，就形态而言，任何城市在地图中都占据一定范围的区域，因此，可以认为它是面状地物，但在比例尺比较小的地图数据库中，城市是作为点状地物来处理的。

（3）多时空性。地图数据具有很强的时空特性。一个地图数据库中的数据源既有同一时间不同空间的数据系列，也有同一空间不同时间序列的数据。不仅如此，地图数据库会根据实际需要而采用不同尺度对地图进行表达。地图数据是包括不同时空和不同尺度数据的集合。

（4）抽象性。空间数据是现实世界中的地物和地貌特征的抽象描述。人们根据空间信息管理的需要，对数据进行人为的取舍。

1.3.2.2 空间数据模型

早期的地图数据以文件方式存储，有的文件格式还保存地图数据的拓扑关系，是各个地图生产厂商自己开发的空间数据存储格式。例如，早期 Arc/Info 所采用的"节点—弧段—多边形"的数据模型。这种数据模型处理单个对象的能力很弱，修改一个对象的时候，会牵涉到其他的对象。由于需要维护拓扑关系，不便于对地图数据的更新修改。由于 CAD 软件的制图功能强大，大量的 GIS 数据是存储在 CAD 文件中的，如 Autodesk 的 DWG 文件格式和 Microstation 的 DGN 格式。但是 CAD 系统所管理的数据文件一般情况下都比较小，而且没有存储空间拓扑关系，无法满足海量地图数据量的要求。

在这种文件存储方式中，地理元素的属性信息由于和存储地图数据所采用的格式不同，在 GIS 系统中一般都将其分开存储。然后通过某种关联方式（如 ID 号）建立属性数据和地图数据之间的联系。

A 基于对象的空间数据模型

随着面向对象思想的出现和面向对象方法学的应用，人们开始用面向对象的思想来进行地图数据模型的设计。按照面向对象思想，每种地物都可以被抽象为某一类具有公共属性的对象，如，点、线、面等，具体的地物则是该对象的一个实例，它还具有自己的属性。各种对象分层管理。这样就解决了地图数据与属性数据的一体化管理。

如图 1.4 所示为 OGIS 提出的关于空间几何体的基本构件。

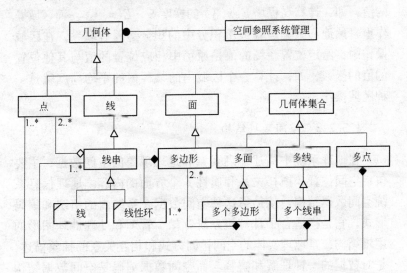

图 1.4　OGIS 提出的关于空间几何体的基本构件

B　基于场的空间数据模型[98]

基于场的空间数据模型包含 3 个部分：空间框架（Spatial Framework）、场函数（Field Function）和一组相关的场操作（Field Operation）。

空间框架是一个有限网格。其最常用的例子就是地球表面的经纬度参照系。

场函数是从空间框架到属性域的映射。它是一个包含 n 个可计算函数的有限集 $\{\{f_i, 1 \leq i \leq n\}\}$。其中

$$f_i : \text{空间框架} \rightarrow \text{属性域}(A_i)$$

场操作来完成不同的场之间的联系和交互。它将场的一个子集映射到其他的场。场操作可以分为三类[99]：局部的（Local）、聚焦的（Focal）和区域的（Zonal）。

对于一个局部操作，空间框架内一个给定位置的新场的取值只依赖于同一位置场的输入值。对于一个聚焦操作，在指定位置的结果场的值依赖于同一位置的一个假定小邻域上输入场的值，如，计算高程场 $E(x, y)$ 的梯度 $\nabla \cdot E(x, y)$。而区域操作很自然地和聚集运算或微积分中的积分运算有联系。在区域操作中，给定位置新场的值是原场中相应位置的值与其他位置的值的函数，如，计算一个区域内的某种树的平均高度就是一种区域操作。

1.3.2.3　空间数据结构

在地理系统中描述地理要素和地理现象的空间数据，主要包括空间位置、拓扑关系和属性 3 个方面的内容。地理信息系统空间数据结构，就是指这种空间数据在系统内的组织和编码形式，它是指适合于计算机系统存储、管理和处理地理图形的逻辑结构，是地理实体的空间排列方式和相互关系的抽象描述，是对数据的一种理解和解释。而空间数据编码是空间数据结构的实现，是指根据地理信息系统的目的和任务所搜集的，并经过审核了的地形图、专题地图和遥感影像等资料，按一定数据结构转换为适于计算机存储和处理的数据过程。

A　栅格数据结构

a　栅格数据的概念

栅格数据结构实际就是像元阵列，每个像元由行列确定它的位置。由于栅格结构是按一定的规则排列的，所表示的实体位置很容易隐含在网格文件的存储结构中，且行列坐标可以很容易地转为其他坐标系下的坐标。在网格文件中每个代码本身明确地代表了实体的属性或属性的编码。

栅格数据的优点：在栅格数据结构中，点实体表示为一个像元；线实体则表示为在一定方向上连接成串的相邻像元集合；面实体由聚集在一起的相邻像元结合表示。这种数据结构很适合计算机处理，因为行列像元阵列非常容易存储、维护和显示。

栅格数据的缺点：用栅格数据表示的地表是不连续的，是量化和近似离散的数据，是地表一定面积内（像元地面分辨率范围内）地理数据的近似性，如平均值、主成分值或按某种规则在像元内提取的值等；另外，栅格数据的比例尺就是栅格大小与地表相应单元大小之比。像元大小相对于所表示的面积较大时，对长度、面积等的度量有较大影响，这种影响还与计算长度、面积的方法有关。

b 栅格数据的取值方法

栅格数据的取得，可在专题地图上均匀地划分网格，每一单位格子覆盖部分的属性数据便成为图中各点的值，最后形成栅格数字地图文件。

栅格数据的获取需尽可能保持原图或原始数据的精度。在决定代码时尽可能保持地表的真实性，保证最大的信息容量。图形用网格覆盖后，常常会在同一格子下对应了几种不同的属性值，而每一个单元只能取一个值，在这种情况下，有如下不同的取值方法：

（1）中心点法：用处于栅格中心处的地物类型或现象特性决定栅格代码。

（2）面积占优法：以占栅格最大的地物类型或现象特征决定栅格代码。

（3）长度占优法：当覆盖的格网过中心部位时，横线占据该格中的大部分长度的属性值定为该栅格的代码。

（4）重要性法：根据栅格内不同地物的重要性，选取最主要的地物类型决定相应的栅格单元代码。对于特别重要的地理实体，其所在的区域尽管面积很小或不在中心，也采取保留的原则，如稀有金属矿区域等。

为了逼近原始数据精度，除了采用上述几种取值方法外，还可以采用缩小单个栅格单元的面积，增加栅格单元总数的方法，这样行列数也相应增加，每个栅格单元可代表更细小的地物类型，然而增加栅格个数、提高精度的同时也带来了一个严重的问题，那就是数据量的大幅度增加，数据冗余严重。为了解决这一矛盾，现已发展了一系列栅格数据压缩编码方法，如，键码、游程长度编码、块码和四分树编码等。

c　栅格数据的编码方法

直接栅格编码是最简单、最直观而又非常重要的一种栅格结构编码方法，通常称这种编码的图像文件为网格文件或栅格文件。直接编码就是将栅格数据看做一个数据矩阵，逐行（或逐列）逐个记录代码。栅格结构不论采用何种压缩方法，其逻辑原型都是直接编码的网格文件。

（1）栅格矩阵（Raster Matrix）。Raster 数据是二维表面上地理数据的离散量化值，每一层的 Pixel 值组成像元阵列（即二维数组），其中行、列号表示它的位置。

例如影像：A A A A
　　　　　　A B B B
　　　　　　A A B B
　　　　　　A A A B

在计算机内是一个 4×4 阶的矩阵。但在外部设备上，通常是以左上角开始逐行逐列存储。如上例存储顺序为：A A A A A B B B A A B B A A A B。

一个文件存储一层的信息，如果多于一层则采用多个文件，也可以在一个文件中存储多层信息，记录每个 Pixel 的行、列号以及与该像元有关的层的信息。

当每个像元都有唯一一个属性值时，一层内的编码就需要 m 行 $\times n$ 列 $\times 3$（x 值，y 值和属性编码值）个存储单元。

（2）链式编码（Chain Codes），又称为弗里曼链码或边界链码。如图 1.5 所示，其中的多边形边界可表示为：由某一原点开始并按某些基本方向确定的单位矢量链。

基本方向可定义为：东 =0，东南 =1，南 =2，西南 =3，西 =4，西北 =5，北 =6，东北 =7，8 个基本方向。如果再确

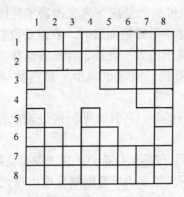

图 1.5　栅格地图上的一个区域

定原点为像元（3，2），则该多边形边界按顺时针方向的链式编码为：3，2，0，7，2，1，0，1，2，4，5，5，3，2，5，5，7。

链式编码的特点：链式编码对多边形的表示具有很强的数据压缩能力，且具有一定的运算功能，如，面积和周长计算等，探测边界急弯和凹进部分等都比较容易；但是它对叠置运算如组合、相交等则很难实施，对局部修改将改变整体结构，效率较低，而且由于链码以每个区域为单位存储边界，相邻区域的边界则被重复存储而产生冗余。

（3）游程长度编码（Run-Length Codes）。游程长度编码是按行的顺序存储多边形内的各个像元的列号，即在某行上从左至右存储属该多边形的始末像元的列号。如图 1.5 所示多边形按游程长度编码方法的编码为：

第 2 行：4，4

第 3 行：2，4

第 4 行：1，6

第 5 行：2，3　5，7

第 6 行：3，3　6，7

游程长度编码的优点：在对"多对一"的结构，即许多像元同属一个地理属性值的情况下大大改善了传统编码方法的存储情况。游程长度编码栅格加密时，数据量没有明显增加，压缩效率较高，且易于检索、叠加、合并等操作。这种编码方法最适合于小型计算机，同时也减少了栅格数据库的数据输入量。

游程长度编码的缺点：计算期间的处理和制图输出处理工作量都有所增加。

（4）块式编码（Block Codes）。块式编码是将游程长度编码扩大到二维的情况，把多边形范围划分成由像元组成的正方形，然后对各个正方形进行编码。

块式编码的数据结构由初始位置（行号，列号）和半径，再加上记录单元的代码组成。

块式编码的特点：一个多边形所能包含的正方形越大，多边形的边界越简单，块式编码的效果越好。游程和块式编码都对大而简单的多边形更有效，而对那些碎部较多的复杂多边形效果并不好。块码在合并、插入、检查延伸性、计算面积等操作时有明显的优越性。

（5）四叉树编码（Quadtree Encoding）。四叉树编码又称为四分树、四元树编码。它是一种更有效地压缩编码数据的方法。它将 $2n \times 2n$ 像元阵列连续进行 4 等分，一直分到正方形的大小正好与像元的大小相等为止，而块状结构则用四叉树描述，习惯上称为四叉树编码。

四叉树结构，即把整个 $2n \times 2n$ 像元组成的阵列当做树的根结点，n 为极限分割次数，$n+1$ 为四分树的最大高度或最大层数。每个结点又分别代表西北、东北、西南、东南 4 个象限的 4 个分支。4 个分支中要么是树叶，要么是树权。树权、树叶用方框表示，它说明该 1/4 范围金属多边形范围或全不属多边形范围，因此不再划分这些分支；树权用圆圈表示，它说明该 1/4 范围一部分在多边形内，另一部分在多边形外，因而需要继续划分，直到变成树叶为止。

B 矢量数据结构

矢量数据结构是另一种最常见的图形数据结构，即通过记录坐标的方式，尽可能地将点、线、面地理实体表现得精确无误。其坐标空间假定为连续空间，不必像栅格数据结构那样进行量化处理。因此，矢量数据能更精确地定义位置、长度和大小。

a 矢量数据结构编码的基本内容

（1）实体。点实体包括由单独一对 x，y 坐标定位的一切地理或制图实体。在矢量数据结构中，除点实体的 x，y 坐标外还应存储其他一些与点实体有关的数据来描述点实体的类型、制图符号和显示要求等。

点是空间上不可再分的地理实体，可以是具体的也可以是抽象的，如地物点、文本位置点或线段网络的结点等。如果点是一个与其他信息无关的符号，则记录时应包括符号类型、大小、方向等有关信息；如果点是文本实体，记录的数据应包括字符大小、字体、排列方式、比例、方向以及与其他非图形属性的联系方式等信息。对其他类型的点实体也应做相应的处理。

（2）线实体。线实体可定义为直线元素组成的各种线性要素，直线元素由两对以上的 x，y 坐标定义。最简单的线实体只存储它的起止点坐标、属性、显示符等有关数据。

弧、链是 n 个坐标对的集合，这些坐标可以描述任何连续而又复杂的曲线。

线实体主要用来表示线状地物（公路、水系、山脊线）、符号线和多边形边界，有时也称为弧、链、串等。

（3）面实体。多边形（有时称为区域）数据是描述地理空间信息的最重要的一类数据。在区域实体中，具有名称属性和分类属性的，多用多边形表示，如行政区、土地类型、植被分布等；具有标量属性的有时也用等值线描述（如地形、降雨量等）。

多边形矢量编码，不但要表示位置和属性，更重要的是能表达区域的拓扑特征，如形状、邻域和层次结构等，因此，多边形矢量编码比点和线实体的矢量编码要复杂得多，也更为重要。

b 矢量编码方法

（1）x，y 坐标方法。任何点、线、面实体都可以用直角坐标点 x，y 来表示。x，y 可以对应于地面坐标经度和纬度，也可以对应于数字化时所建立的平面坐标系 x，y。其中：

点：用一组（x，y）表示；

线：用多组（x_1，y_1；x_2，y_2；…；x_n，y_n）表示；

面（多边形）：也是多组（x，y）坐标，但由于多边形封闭，坐标必须首尾相同。

坐标法文件结构简单，易于实现以多边形为单位的运算和显示。此法的缺点是：

1）邻接多边形的公共边被数字化和存储两次，由此产生冗余和边界不重合的匹配误差。

2）每个多边形自成体系，而缺少有关邻域关系的信息。

3）不能解决"洞"或"岛"之类的多边形嵌套问题，岛只作为单个的图形建造，没有与外包多边形的联系。

4）没有方便方法来检查多边形边界的拓扑关系正确与否，如有无不完整的多边形等。

（2）拓扑结构编码方法。多边形内嵌套多边形即"洞"和邻域关系问题的唯一解决办法是拓扑关系直接应用到数据结构中。建立拓扑结构的方法有两种：

1）输入数据的同时输入拓扑连接关系；

2）由计算机软件从一系列相互关联的链建立拓扑结构。

前者会增加操作员的工作量，后者则取决于计算机的处理能力。

只有完整的拓扑结构数据库才能进行更为复杂的邻域关系的搜索，和检查奇异多边形和"死点"等差错。

完整拓扑多边形网络结构的数据组织方法能够处理湖和岛屿的嵌套问题，能自动或半自动地将非空间属性数据与多边形连接起来，并全面支持邻域关系的搜索等。

在这种假设条件下，组成完整拓扑多边形数据结构的步骤如下：

将链连接成边界网络：首先按链的尺度（最大、最小 x，y 坐标）存储多边形的链，使各条链能按拓扑关系彼此集中在一起，同时在数据文件中存储在一起，从而节省查找相邻链的时间。

检查多边形是否闭合：扫描修改过的链记录，看每条链是否有指向其他链和从其他链指向它。如果每条链都至少有一个指针指向其他链和一个从其他链指向它的指针，则说明多边形网络中的各多边形是闭合的。如果组成岛的链只有一条，它的指针就指向它本身。

连接各链组成多边形：

第一步：建立多边形网最外沿线组成的包络多边形（实体），这个包络实体由以下记录内容组成：

（1）唯一标识；

（2）唯一的编码，这个编码说明该多边形是包络多边形；

（3）环形指针；

（4）指向边界链的指针列表；

（5）包络多边形的面积；

（6）范围（包围包络多边形的矩形的最大最小 x，y 坐标值）。

包络多边形按如下方法建立：在多边形网的最外沿选择一个点作为起始点，按顺时针方向沿着边界查找下一个节点。原则是选取每一个节点处的最左边一条链，并以这条链的另一端作为起点查找最左边的链，以此类推。

第二步：一旦外沿线（包络多边形）建立起来以后，就建立其他多边形。重新从建立包络多边形的起点开始，仍按顺时针方向查找，但不是找最左边的链而是最右边的链，同时还要记录各条链被查找的次数（不能超过两次），回到起点就表明一个多边形查找结束。

与包络多边形一样，每个多边形实体也包括如下信息：

（1）唯一的标识符；

（2）多边形编码；

（3）包围多边形到该多边形的环形指针；

（4）所有边界链列表（同时，多边形的识别符应写入链的记录中去）；

（5）指向多边形网中邻接多边形的指针；

（6）包络多边形的矩形的最大最小坐标值。

计算多边形面积：按梯形法则计算每个多边形的面积，并把所计算的面积作为多边形的属性数据存储。

属性数据与多边形的连接：把多边形图形数据与对应的属性数据连接在一起。属性数据即描述多边形特性的一切自然、社会经济数据。这两类数据的连接具有唯一性。

多边形识别符的建立有两种方法：

（1）在每个多边形内数字化一个文本实体作为数据输入的一部分，或者在多边形形成后交互地输入。文本实体可以是文字、号码、名称等，但整个多边形网必须统一，而且每个多边形的识别符不能相同；

（2）由程序自动寻找多边形的中央点，并在该点写上多边形的识别符（多数为顺序号），并打印出这些识别符列表，用户按表再把对应的识别符写入属性数据文件中去，或建立关系表，以供图形和属性相互参照查找使用。

虽然建立这类复杂的拓扑多边形网数据结构需要有相当的计算机能力和复杂的软件，但这类数据结构有如下优点：

（1）多边形网络完全综合成一个整体，没有重叠和漏洞，也没有过多的冗余数据；

（2）全部多边形、链、属性数据均为内部连接在一起的整体单元的一部分，可以进行任何类型的邻域分析。而且能将属性数据与链连接后再进行分析；

（3）多边形中嵌套多边形没有限制，可以无限地嵌套；

（4）数据库的位置精度只受数字化的精度和计算机字长的限制；

（5）数据结构与数据收集和输入的牵连不多。

1.3.2.4　两种数据结构的比较

矢量表示运用于存储地理事物的数据量较少，即需要的存储空间少（矢量表示的 x，y 坐标和连接指示字较少而栅格表示需要的像元较多）。

矢量法比栅格法要精美。栅格法要达到相同的分辨率，格网要非常小才行，这就需要更多的像元即更多对 x，y 坐标。

矢量法中的连接信息使数据搜索能沿着一定的方向进行。栅格法则能方便地改变地理事物的形状和大小，因为栅格数据修改只包括清除某些旧值和输入新值两个步骤。而矢量数据的修改除改变坐标值外，还需要重建连接关系。

1.3.3　GIS 数据库的特点

与一般的关系数据库相比，GIS 空间数据库有鲜明的特点：

（1）GIS 数据库不仅有与一般数据库数据性质相似的地理要素的属性数据，还有大量的空间数据，即描述地理要素空间分布位置的数据，且这两种数据之间具有不可分割的联系。

（2）地理系统是一个复杂的巨系统，用数据来描述资源环境，数据量大，即使是一个极小的区域。

（3）数据的应用相当广，如地理研究、环境保护、土地利用与规划、资源开发、生态环境、市政管理、道路建设，等等。

正是由于上述特点，决定了建立 GIS 数据库时，一方面应该遵循和应用通用的数据库的原理和方法，另一方面还必须采取一些特殊的技术和方法，来解决其他数据库所没有的管理空间数据的问题。由于 GIS 数据库具有明显的空间特性，所以，有人又称它为空间数据库。

1.3.4 空间数据库模型

1.3.4.1 混合数据库模型

用一组文件形式来存储地理空间数据及其拓扑关系，利用通用关系数据库存储属性数据，通过唯一的标识符来建立它们之间的连接。如 Arc/Info，MapInfo 和 MicroStation 等都采用这种混合数据库模型（Hybrid Model），如图 1.6 所示。

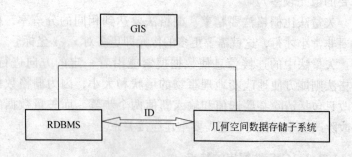

图 1.6 混合数据库模型示意图

由于空间数据和属性数据是分开存储的，在表现地理空间数据方面缺乏完整的表达语义和存储机制，难以保证数据存储、操作的统一。

1.3.4.2 扩展结构模型

扩展结构模型（Extent Model）采用统一的 DBMS 存储集合数据和属性数据。其做法是在标准的关系数据库上增加几何管理层，如图 1.7 所示。

优点是省去了集合数据和属性数据之间的繁琐连接，但由于间接存取，效率比较低。如 System 9，Small Word 模型等。

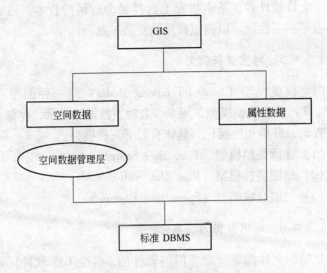

图1.7 扩展数据模型示意图

1.3.4.3 统一数据模型

统一数据模型（Integrated Model）为纯关系数据模型，其空间数据和属性数据都用关系数据库中的关系来存储，使用标准关系连接机制建立空间数据与属性数据的关联。因此，具有关系数据库查询、检索、数据完整性和安全机制等优点。但在数据类型定义方面有一定的局限性，缺乏空间 SQL。如 ESRI 的 Spatial Database Engine（SDE），Oracle 的 SDO、GEO + 等，如图 1.8 所示。

1.3.4.4 面向对象模型

面向对象模型（Object-Oriented Model）采用面向对象的思想来管理空间数据，是一种抽象

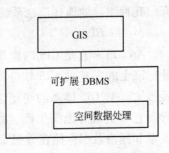

图1.8 统一数据模型示意图

模型，允许设计者在基本功能上选择最为适用的技术。这种方法具有可扩展性，可以模拟和操纵复杂对象。

1.3.4.5 时空数据模型

时空数据模型（Spatial-Temporal Model）是一种四维（X，Y，Z，T）空间数据模型，用来研究时空数据的表示、存储、操作、查询、分析和可视化。具体有以下三种模型：

（1）连续快照模型（Time-Slice Snapshots）；

（2）地图叠加模型（Base Map with Overlay）；

（3）时空合成模型（Space-time Composite）。

1.3.4.6 地图数据的标准化

早期的文件都是针对专门的软件的，各个 GIS 软件厂商都有自己的文件格式，造成空间数据文件的格式复杂多样，无法共享数据。随着 GIS 的发展，出现了一些数据格式标准化组织，提出了统一地图数据编码的思想，以便在不同 GIS 系统之间进行数据交换。但各种文件格式之间的数据转换依然费时费力，这就导致了 GIS 系统的建设成本居高不下。对于 GIS 厂商来说，由于需要文件格式的升级和向下兼容，导致开发负担大大加重。

1.3.4.7 主要的地理信息系统软件

目前地理信息系统软件比较多，功能价格相差悬殊。下面介绍几种主要的地理信息系统软件。

A ArcGIS

ArcGIS 一直是 GIS 的旗舰式产品。ArcGIS 家族是建立在工业标准上的完整的 GIS 软件产品体系，不仅易学易用，而且功能强大。ArcGIS 体系的建立，是 ESRI 软件发展史上重要的里程碑。它除了具有地图生产、高级特征建构工具、动态投影、将矢量和栅格数据存储在数据库管理系统（DBMS）中等基本特征外，互联网技术的应用还使 ArcGIS 拥有了许多绝无仅有的特性。

ArcGIS 家族的体系结构可以让用户根据自己的系统需求量身定制。ArcView、ArcEditor 和 ArcInfo（众所周知的 ArcGIS Desktop 产品）拥有相同的核心应用程序和用户界面，在此基础上，用户可以增加多用户编辑和分布式 Internet 服务。因此，无论是单用户还是全球性企业，ArcGIS 允许根据每一个用户的需求进行伸缩定制。

ArcObjects 是有 GIS 功能和可编程接口的软件组件集合。可用来进行基于 ArcGIS 的地理信息系统应用的二次开发。ArcObjects 技术是基于 COM 协议。使用内置 VBA 脚本语言或服从 COM 可编程语言如 VB、VC^{++} 或 Delphi 进行定制。

ArcGIS 拥有 10 个特征：

（1）高级编辑工具；

（2）高质量绘图法；

（3）可以与 Internet 相结合；

（4）投影；

（5）地理编码；

（6）向导工具；

（7）使用 XML 支持元数据标准；

（8）基于 COM 定制；

（9）可扩展结构；

（10）直接读取 40 多种数据格式。

B　MapInfo 软件

MapInfo 是由美国的 MapInfo 公司推出的一个地理信息系统软件。它是第一个与 Windows 95 兼容的 32 位地理信息软件，充分利用了 Windows 的界面功能，支持 Windows 的标准协议。

MapInfo 软件具有如下的功能[101]：

（1）测量分析：直线距离、可近度分析、面积测量。

（2）缓冲区分析：点周围、沿直线、沿曲线、加权缓冲区。

（3）地图代数：加减常数。

（4）多边形操作：多边形复合、点在多边形内、线在多边形内、多边形合并。

（5）DEM 分析：高程等值线、地形图断面。

（6）其他功能：专题布尔操作、临近搜索、移动窗口过滤、最优路径、坐标几何、网络分析、矢量转网络、网络转矢量、投影变换。

MapInfo 软件具有如下的优点：

（1）相对于其他的地理信息平台而言要求的硬件环境不高。

（2）拥有自己的二次开发工具 MapBasic，而 MapBasic 具有和普通语言相同的语法结构，并具有更加强大的图形操作功能。

（3）图形和数据兼容性特别强。

MapInfo 公司同时还推出了基于 ActiveX 的地图控件 MapX，通过 MapX 可以很方便地将地图对象方便地嵌入到实际应用中[102]。

除此之外，还有许多 GIS 平台，如超图公司的 SuperMap，等等。

1.3.5　空间查询与空间索引

1.3.5.1　空间查询及其分类

对地理信息的空间查询可以归纳为：区域查询、点查询、空间连接和最近邻查询4种。

区域查询是指在空间中给定一个区域（通常为矩形或圆形），检索出所有在空间中与该区域相交的空间对象。点查询是在空间中给定一个点，检索出所有包含该点的空间对象。点查询是区域查询的一个特例，当给定的矩形收缩成一个点时，区域查询退缩成一个点查询。空间连接是按照包含空间谓词的几何属性将两个数据集中的空间对象进行合并，空间谓词可能为"相交"、"包含"和"有一定距离"等。最近邻查询是检索出与指定对象距离最近的空间对象。

另外，除了上述的4种空间查询外，还可以通过和空间对象相联系的属性数据来查询空间对象。如查询所有面积超过

$1000m^2$ 的宗地。

1.3.5.2 空间索引

和关系数据库中的索引一样，空间索引的目的也是为了快速响应用户提交的空间查询要求。地图数据库系统不仅要对属性数据作很好的索引，更要对地图数据作空间索引（Spatial Index），以便提高各种空间操作的效率。

与一般的数据库系统相比，地图数据库中空间对象的表达形式复杂。数据量大，各种空间操作不仅计算量巨大，而且大多具有面向邻域的特点。如果能在各种空间操作之前对操作对象做初步的筛选，则可大大减少参加空间操作的空间对象数量，从而缩短计算时间，提高查询的效率。

空间索引就是指依据空间对象的位置和形状或空间对象之间的某种空间关系，按一定顺序排列的一种数据结构，其中包含空间对象的概要信息如对象的标识、外接矩形及指向空间对象实体的指针。作为一种辅助性的地图数据结构，空间索引介于空间操作算法和空间对象之间，通过它的筛选，大量与特定空间操作无关的空间对象被排除，从而提高空间操作的效率。

常见的空间索引一般是自顶向下、逐级划分空间的各种树结构空间索引，比较有代表性的包括 BSP 树、K_D_B 树、R-树、R^+-树等。

A BSP 树

BSP 树（Binary Space Partitioning Tree，二值空间划分树）是一种二叉树，代表了逐级将空间一分为二的过程，如图 1.9 所示为二值空间划分的过程及相应的 BSP 树。

BSP 树能很好地与地图数据库中空间对象的分布情况相适应。但 BSP 树的深度一般比较大，对各种空间操作均有不利的影响。另外，这种空间索引方法因为没有考虑到外存按页存储的特性，因而不适宜用来处理海量的地图数据。

B K_ D_ B 树

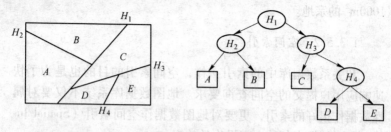

图 1.9 二值空间划分及相应的 BSP 树

K_D_B 树是一种面向外存的空间索引结构，是 BSP 树向多维空间扩展的一种形式。K_D_B 树式能对多维空间中的点进行索引，具有较好的动态特性，删除或添加空间对象可以很方便地实现，无需周期性地调整索引自身结构。

但 K_D_B 树不直接支持占据一定空间范围的空间对象，如二维空间中的线和面。可以通过空间映射或变换的方法部分地解决这个问题，空间映射或变换就是将 d 维空间中的区间变换到 $2d$ 维空间中的点，这样，利用点索引结构就能对区间进行索引，原始空间中的区间查询就转变为高维空间中的点查询。但这样的方法有一定的缺点：首先，在高维空间中的点查询比原始空间中的点查询困难得多；其次，经过变换，原始空间中相邻的区间可能在点空间中距离相当遥远。在实际应用中，这些问题会严重影响空间索引的性能。

C R-树

R-树是由 Guttman 提出[100]的一种最早支持扩展对象存取方法之一的空间索引方式。R-树是一个高度民主平衡的树，它是 B树在 k 维上的自然扩展。在 R-树中，用对象的最小外接矩形（MBR）来表示对象。

每个叶结点包含 m 至 M 条索引记录（其中 $m \leqslant M/2$），除非它是根结点。R-树有如下几个特性：

（1）一个叶结点上的每条索引记录了（MBR，元组标识符），MBR 是最小外包矩形，在空间上包含了所指元组表达的 k

维数据对象。

（2）每个非叶结点都有 m 至 M 个子结点，除非它是根结点。

（3）对于非叶结点中的每个条目记录了（MBR，子结点指针）。

（4）根结点至少有两个子结点，除非它是叶结点。

（5）所有叶结点出现在同一层。

（6）所有 MBR 的边与一个全局坐标系的轴平行。

图 1.10 是一个空间对象的集合，灰色矩形分别是每个空间对象的 MBR。图 1.11 是相应的 R-树。

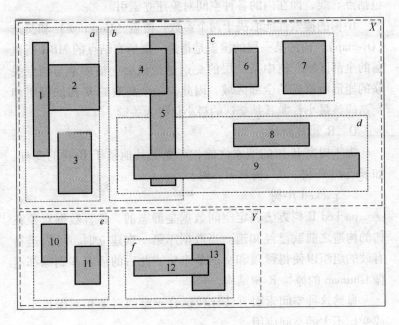

图 1.10 一个空间对象的集合

R-树的最大层数是 $\lfloor \lg_m N \rfloor - 1$ ，其中 N 是树中项的总数。R-树是一个动态的结构，即可以随着空间对象的插入和删除动态地调整树的结构。同时，它也允许存储异构的对象，可以对

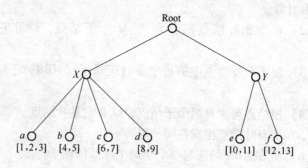

图 1.11　空间对象 MBR 的 R-树

包括点、线、面在内的各种空间对象建立索引。

R-树的搜索性能取决于两个参数：覆盖（Coverage）和交迭（Overlap）。树的某一层的覆盖是指这一层所有结点的 MBR 所覆盖的全部区域。树中某一层的交迭是指该层上被多个与结点关联的矩形所覆盖的全部区域。因此，一个高效的 R-树的覆盖和交迭应该最小，尤其是交迭的最小化更为关键。

D　R-树的变种

为了提高 R-树的搜索性能，产生了其他基于 R-树的变种。如 packed R 树、R^*-树和 R^+-树。

a　packed R-树

packed R 树方法假定空间数据是静态的，并且数据对象在树的构造之前就已经知道。当数据库第一次建立时，可以进行有效的组织以使得覆盖和交迭最小化。此后的插入和删除都遵循 Guttman 的原始 R-树结构。

显然这种空间索引方法比较适合于空间对象相对保持不变或变化不大的空间应用。

b　R^*-树[106]

在 R^*-算法中，构造算法不仅考虑了索引空间的"面积"，而且还考虑了索引空间的重叠。该法对结点的分裂算法进行了改进，并采用强制重新插入的方法使树的结构得到优化。但

R^*-算法仍然不能有效地降低空间的重叠程度，尤其是在数据量较大、空间维数增加时表现得更为明显。

　　c　R^+-树

　　R-树中各个兄弟结点对应的空间区域之间可以相互重叠，这样可能需要对多条路径进行搜索后才能得到最后的结果。在R^+-树中，兄弟结点对应的空间区域没有重叠，这样划分空间可以使空间搜索的效率提高。

　　覆盖区域的大小和叠置是影响 R-树搜索性能的重要因素。某一层的 R-树的覆盖范围是能包含这一层的所有结点覆盖范围的最小范围。叠置是某一层的两个和多个结点的公共区域的总和。显然，有效的 R-树搜索要求覆盖范围和叠置区域最小。最小的覆盖范围减少了结点的死区域。死区域是不存放几何信息的区域。如果一个查询窗口落在 K 个相互叠置的区域内，那么最坏的情况下，要遍历 K 个子结点，因此降低了搜索效率。实际表明，无叠置情况只有在数据点是预先知道的情况下出现，并且对 R 树使用紧缩技术，搜索效率会显著提高。但是，如果采取分割矩形的方法会避免在中间结点之间出现叠置。当较低层出现矩形叠置时，把矩形分割成几个子矩形。矩形是包围空间实体的最小矩形。避免叠置的同时增加了空间范围，增加了树的深度。空间范围的增加在整个树中呈现对数分布。深度的增加远小于搜索多个短路径的开支。

　　R^+-树可以看做是 K_D_B 树在多维区域的扩展，使它能处理零维以外的空间对象。它的改进表现在覆盖区域的减少，某一层的区域不必覆盖整个初始化区域。而且和 R-树比较，R^+-树表现了非常好的查找性能尤其是点查询。

　　叶结点：（oid，RECT）。oid 是对象标识符，指向数据库中的对象，RECT 是描述数据对象的最小外接矩形。在二维空间中，一个数据项矩形描述如下：（Xlow，Xhigh，Ylow，Yhigh）表示了矩形的左下角和右上角。

　　中间结点：（p，RECT），其中 p 是指向它的子树的指针。

M 是一个叶结点和中间结点的最大数据项数。

R⁺-树有以下特征：

（1）对于一个中间结点的每一个数据项（p，RECT），p 指针所指的子树包含一个矩形 R，当且仅当 R 被 RECT 所包含。唯一的例外是 R 是叶结点的矩形，这时 R 必须和 RECT 相交。

（2）对于一个结点的两个数据项（p_1，$RECT_1$）和（p_2，$RECT_2$），这两个矩形不相交。

（3）根结点至少有两个子结点，除非它是叶结点。

（4）所有的叶结点在同一层。

2 平面点集的凸壳

2.1 凸壳问题简介

凸壳(Convex Hull)问题是计算几何中一个重要问题，它的应用很广泛。例如，在图像处理中可以通过构造凸壳找到数字图像中的凹面；在模式识别中，可视模式的凸壳能够作为描述模式外形的重要特征；在分类中，一组物体的凸壳就可勾画出这些物体的所属的类；在计算机图形学中，使用一组点的凸壳可以显示出点簇；在几何问题中，集合 S 中最远两点就是凸壳的顶点，等等。

给定平面中的点的集合 $S = \{p_1, p_2, \cdots, p_n\}$，所谓 S 的凸壳，简记为 $CH(S)$，就是包含 S 所有点的最小的凸多边形。更直观地，假定平面上的 n 个点用 n 个钉在木板上的图钉表示，用一条橡皮带缠绕着这些图钉，然后放松橡皮带，这时橡皮带所构成的平面图形就是凸多边形，就是这 n 个点的凸壳。

更一般地，凸壳也称最小凸包，是包含集合 S 中所有对象的最小凸集。平面点集的凸壳是最重要、最基础的问题。平面线段集合和平面多边形集合的凸壳问题可以转换为平面点集的凸壳问题。平面点集 S 的凸壳是包含 S 中的所有点的最小凸多边形，其顶点为 S 中的点。求取平面点集的凸壳，不仅要从大量的离散点中判断出凸壳点，还要得到这些点之间的连接关系[6]。

凸壳是计算几何中最普遍、最基本的一种结构，在计算几何中占有重要的位置[1]。它自身不仅有许多特性，而且还是构造其他几何形体的有效工具。许多实际应用问题都可以归结为凸壳问题，它在模式识别、图像处理、计算机图形学、统计学、数据挖掘等领域都有广泛应用[8~10]。

1981 年 Yao 证明平面点集问题的时间复杂性理论下限为 $O(n \lg n)$。直到目前为止，还没有出现计算平面点集凸壳的线性时间算法[11]。

2.2 凸壳的应用

凸壳作为计算几何中的一种基本结构，在许多应用领域都有着非常广泛的应用。下面举两个简单的例子加以说明。

2.2.1 混合物勾兑

在化学中，经常要使用已有的若干种化学物质勾兑出化学成分符合要求的混合物。例如，三种化学物质 A、B、C，它们都含有两种化学成分 x、y。化学物质 A 含有 10% 的化学成分 x 和 35% 化学成分 y；化学物质 B 含有 7% 的化学成分 x 和 15% 化学成分 y；化学物质 C 含有 16% 的化学成分 x 和 20% 化学成分 y。问题是能否用 A、B、C 三种化学物质勾兑出含 13% 的 x 和含 22% 的 y 的新的混合物？

如果将每一种物质的两种成分的含量作为两个坐标分量，其中涉及的每一种物质（包括目标混合物）就可以用二维平面上的一个点来表示，如图 2.1 所示，这样，如果目标混合物所对应的点落在由 ABC 三点所确定的凸壳内或边界上（这里就是三角形 ABC），则说明可以用三种物质勾兑出目标混合物；否则无论如何都无法完成勾兑任务。

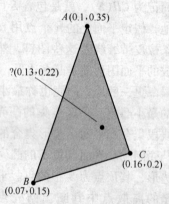

图 2.1 混合物的勾兑

2.2.2 加速碰撞检测

在计算机动画领域，凸壳可以用来加速碰撞检测。任意给定两个物体，希望检测它们是否相交。如果在大多数情况下答案都是否定的，那么使用下面的方法就很合算。将这两个物体分别用它们的凸壳来近似，由于近似后的新的物体不仅包含了原来的物体而且相对来说更为简单，因此可以先判断它们的凸壳是否相交，只有在它们的凸壳相交的情形下才需要进一步的检测。这样就可以加速碰撞检测过程。

2.3　平面点集凸壳的已有算法

目前，计算平面点集凸壳的算法主要有：卷包裹法、格雷厄姆算法、快速凸壳算法、分治算法、增量算法、周培德算法、实时凸壳算法等[1]。

2.3.1　卷包裹法

卷包裹法（Gift Wrapping）最早是由 Chand D. R. 和 Kapur S. S. 于 1970 年提出[4]。平面点集凸壳的卷包裹法的基本思想是：首先查找到 y 坐标最小的点（也就是最低点），将该点加入到凸壳点序列中，并将其作为当前点；然后计算其余点和该点连线的夹角，并将与该点连线夹角最小的点加入到凸壳点序列中，将其作为当前点；重复上述步骤，直到回到最低点时算法结束。

可以想象在最低点（y 坐标最小的点）上系一根绳子，然后从向右的水平方向绕逆时针方向旋转，直到绳子接触到最低点。这时，绳子所接触过的点构成的多边形就是所要求的凸壳。

算法描述：

算法名称：卷包裹法

Find the lowest point (smallest y coordinate).

Let i_0 be its index, and set $i \leftarrow i_0$.

Repeat

　For each $j \neq i$ **do**

　　Compute counterclockwise angle θ from previous hull edge.

Let k be the index of the point with the smallest θ

Output (p_i , p_k) as a hull edge.

i←k

Until i = i_0

该算法可应用于高维空间点集凸壳的求解。而且，在许多年中它还是计算高维空间点集凸壳的一种主要算法。

该算法是输出敏感的，即如果平面点集凸壳的规模越小，算法的运行速度越快。其算法复杂度为 $O(nh)$。其中，n 为平面点集中点的数量；h 为平面点集凸壳的边（或顶点）数（下同）。

2.3.2 格雷厄姆算法

在 19 世纪 60 年代后期，贝尔实验室的一项应用中需要计算大约 10000 点集的凸壳，而找到的 $O(n^2)$ 复杂度的算法由于效率低下而不能满足实际应用的需要。1972 年，格雷厄姆发表的一篇题为 "An efficient algotithm for determining the convex hull of a finite planar set" 的著名论文，阐述了为满足该需求而设计的平面点集凸壳算法[5]。这是计算几何领域中具有重要意义的早期卓越成果，被称为格雷厄姆算法（Graham Algorithm）。

平面点集的凸壳是一个凸多边形，而凸多边形的各个顶点必在该多边形的任意一条边的同一侧。格雷厄姆算法就是根据凸多边形的这一条性质设计的。

格雷厄姆算法包含两个主要的算法步骤：

第一步，首先查找平面点集中 y 坐标最小的点为 p_1，把 p_1 同平面点集中其他各点用线段连接起来，并计算这些线段与水平线的夹角。然后按照夹角的大小以及到 p_1 的距离进行排序。若夹角相同，距离 p_1 较近的点必然为内点，予以删除。这样就得到一个点的序列 p_1，p_2，$\cdots$，p_m，$(m \le n)$ 依次连接这些点，得到一个简单多边形。这时 p_1、p_2 和 p_m 必然是凸壳顶点。

第二步，从点 p_3 开始到点 p_{n-1} 结束，逐点进行判断，删除其中不是凸壳点的顶点，最终得到凸壳点的序列。在第一步所构造的多边形中，要判断一个点 p_i 是不是凸壳点，就要看 p_{i+1} 和 p_{i-2} 是否在线段 p_ip_{i-1} 的同一侧。若在同一侧，则 p_i 是凸壳点；否则，p_i 不是凸壳点，而是一个内点。如图 2.2 所示为格雷厄姆算法。

图 2.2　格雷姆算法

算法描述：

算法名称：**格雷厄姆算法**（Graham's algorithm）

Find lowest point x; label it p_0.

Sort all other points angularly about p_0.

In case of tie, delete the point closer to p_0.

(or all but one copy for multiple points).

Stack S = (p_1, p_0) = (p_t, p_{t-1}); t indexes top.

i = 2

while i < n do

　　if p_i is strictly left of $p_{t-1}p_t$

　　　　then Push (p_i, S) and set i = i + 1

　　　　else Pop(S)

格雷厄姆算法中的第一步需要计算 $n-1$ 个夹角，并按照夹角排序分类，计算两个夹角只需要常数时间，计算 $n-1$ 个夹角需要线性时间，分类需要时间 $O(n\lg n)$。第二步只需要对 $n-3$ 个点进行判断，而判断每一个点是否为凸壳点所需要的时间为常数时间，因此该步骤的时间复杂度为 $O(n)$。因此，格雷厄姆算法的时间复杂度为 $O(n\lg n)$。

但格雷厄姆算法存在如下两个缺陷：

（1）尽管从整型到双精度型应该是精确的，但是无法保证反正切函数本身计算的精确性。

（2）反正切函数的计算是一个复杂而又昂贵的计算过程，从而使得格雷厄姆算法的计算效率并不是很高。

另外，由于格雷厄姆算法依赖于角度分类，而在三维情况下角度分类没有直接的对应物，故格雷厄姆算法不易推广到三维。

2.3.3　快速凸壳算法

快速凸壳算法（Quickhull）是由 C. Bradford Barber，David P. Domin，Hannu Huhdanpaa 于 1996 年提出的[109]。

Quickhull 算法不仅计算的效率比较高，而且可以应用于高维空间的情形。因此得到了比较多的应用，例如在著名的科学计算实验平台 Matlab 中就采纳了该算法。

下面是 Quickhull 算法的伪代码描述：

算法名称：Quickhull 算法

算法步骤：

create a simplex of d + 1 points

for each facet F

　for each unassigned point

　　if P is above F

　　　assign P to F's outside set

for each facet F with a no—empty outside set

　select a furthest point p of F's outside set

　initialize the visible set V to F

　for all unvisited neighbors N of facets in V

　　if p is above N

　　　add N to V

　the boundary of V is the set of horizon ridges H

　for each ridge R in H

　　create a new facet from R and p

```
            link the new facet to its neighbors
    for each new facet F'
            for each unassigned point q in an outside set of a facet in V
                    if q is above F'
                            assign q to F''s outside set
    delete the facets in V
```

设 n 为输入的 R^d 维空间中的点的数量，r 是处理的点的数量，如果平衡条件成立，在最坏情况下 Quickhull 算法的时间复杂性为：$d \leqslant 3$ 时为 $O(n\lg r)$；$d \geqslant 4$ 时为 $O(nf_r/r)$。

2.3.4 分治算法

Preparata 和 Hong 于 1977 首先将分治技术应用于凸壳问题的求解[7]。分治算法（Divide and Conquer）的基本思想就是将一个较大规模的问题递归地分解为两个或多个规模较小的问题，然后对小规模问题求解，最后将所得解再进行归并，从而得到整个问题的解。

利用分治法求解平面点集的凸壳的基本思路是：将平面点集 S 分成两个大小近似相等的子集 S_1 和 S_2，然后分别递归地寻求 S_1 和 S_2 的凸壳 $CH(S_1)$ 和 $CH(S_2)$，这是两个基本点凸多边形，设为 P_1 和 P_2，最后找 $P_1 \cup P_2$ 的凸壳。即

Step 1：把 S 中的点按照 x 坐标进行排序；

Step 2：将 S 分成两个子集 S_1 和 S_2，两个子集大小近似相等；

Step 3：分别计算 $P_1 = CH(S_1)$ 和 $P_2 = CH(S_2)$；

Step 4：合并 P_1 和 P_2。

将 S 中的点分割成两个子集。可以先将 S 中的点按照 x 坐标进行排序，然后从中间位置（或靠近中间位置）将点集 S 分割成 S_1 和 S_2。采用这种分割方法计算出的两个子集的凸壳是两个分离的凸多边形。也可以采用随机的方法，从子集 S 中选取点轮流放入子集 S_1 和 S_2 中。采用这种分割方法计算出的两个子集的凸壳不一定是两个分离的凸多边形。

在分治算法中子集凸壳的计算可以采用其他的方法。因此,能否快速合并两个子凸壳是提高分治算法求解凸壳效率的关键所在。

1978 年,Shamos 提出完成合并的一种算法,下面的算法描述了对计算出的两个子集的凸壳 P_1 和 P_2 进行合并的过程:

算法名称:Procedure HULL of CONVEX POLYGONS

输入:两个凸多边形 P_1 和 P_2

输出:P_1 和 P_2 的凸壳

Step 1:在 P_1 内部找一点 p, $p \in S$

Step 2:**if** p 不在 P_2 的内部 **then goto** step 4
　　　　else goto step 3

Step 3:p 在 P_2 的内部,如图 2.3 (a) 所示,P_1 和 P_2 的各顶点与 p 相连,并按照夹角大小进行排序,得到 P_1 和 P_2 顶点的一个分类表,**goto** step 5。

Step 4:计算 p 与 P_2 的正切线,得到正切点 u 和 v,如图 2.3 (b) 所示。在 P_2 中删去从 v 到 u 链上的顶点,保留从 u 到 v 链上的顶点,并将这些顶点及 P_1 顶点与 p 连接,再按夹角大小分类,得顶点分类表。

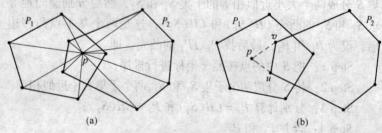

(a)　　　　　　　　　　　　　　　(b)

图 2.3　合并两个子集凸壳时的两种情形

(a)—p 在 P_2 内;(b)—p 不在 P_2 内

Step 5:在顶点分类表上执行格雷厄姆算法便得到 $P_1 \cup P_2$ 的凸壳。

可以看出,分治算法依赖于其他的凸壳算法,如格雷厄姆算法等。另外,从某种意义上分治算法有点类似于凸壳的并行算法。

在上述两个凸多边形并的凸壳的算法中，step 1 用常数时间，step 2 耗费 $O(n)$ 时间。由于 P_1 与 P_2 是两个凸多边形，并且 $p \in P_1 \cap P_2$，所以 step 3 中的分类实际上是合并两个已分类的顶点表，该合并工作需要 $O(n)$ 时间。绕 P_2 一周用 $O(n)$ 时间可以判定 u，v 的位置，并删去从 v 到 u 的顶点链（不含 u,v），然后用 $O(n)$ 时间合并两个顶点表，所以 step 4 需要 $O(n)$ 时间。Step 5 只是使用格雷厄姆方法中的第二步，所以 step 5 需要 $O(n)$ 时间。因此合并两个凸多边形耗费 $O(n)$ 时间。

设 $T(n)$ 表示求 n 个点的集合的凸壳所需要的时间，$U(n)$ 表示找两个凸多边形的并的凸壳所需要的时间，其中每个多边形有 $\left[\frac{n}{2}\right]$ 或 $\left[\frac{n}{2}\right]$ 个顶点，则有递归关系式

$$T(n) \leqslant 2T\left(\frac{n}{2}\right) + U(n)$$

由上述分析知，$U(n) = O(n)$，因此上式可以写成

$$T(n) \leqslant 2T\left(\frac{n}{2}\right) + Cn$$

其中 C 是常数。该递归关系式的解为 $T(n) = O(n\lg n)$，这表明用分治求 n 个点的集合的凸壳所需要的时间为 $O(n\lg n)$。

对两个凸多边形执行"Procedure HULL of CONVEX POLYGONS"之后，还可以得到两个凸多边形的"支撑线"（即正切线），这只要沿合并之后的凸壳边界检查，凡相邻顶点对（一点来自 P_1，另一点来自 P_2）便构成一条支撑线。

2.3.5　增量算法

给定 n 个点的点集 S，增量算法（Increamental Algorithm）求 S 的凸壳的基本思想是：一次添加一个点，构造前 k 个点的凸壳时用到前 $k-1$ 个点的凸壳，即每次增加一个点到已有的凸壳中去。根据其是否位于已有凸壳中而决定是否修改已有凸壳。

凸壳的增量算法的步骤如下:

算法名称: Increamental algorithm

输入:点集 $S = \{p_0, p_1, \cdots, p_n\}$

输出:点集 S 的凸壳 $CH(S)$

描述:

Let $H_2 \leftarrow \text{conv}\{p_0, p_1, p_2\}$.

for $k = 3$ **to** $n-1$ **do**

$H_k \leftarrow \text{conv}\{H_{k-1} \cup P_k\}$

其中 conv (X) 表示求点集 X 的凸壳。

在每一次将一个点 P_k 增加到已有凸壳 H_{k-1} 中时,会出现两种情况:

(1) $P_k \in H_{k-1}$。一旦 P_k 被判定位于 H_{k-1} 的内部(或边界上)时,P_k 就被丢弃。此时,有相同的凸壳顶点。尽管有若干种方法可以判定点 P_k 是否位于 H_{k-1} 内部,但更具鲁棒性的方法还是去判断点 P_k 是否位于 H_{k-1} 的每一条有向边的左侧,这里称为"左侧判定"。

(2) $P_k \notin H_{k-1}$。当任何"左侧判定"返回逻辑假值时 $P_k \notin H_{k-1}$。H_k 中的点是由 H_{k-1} 中的点和 P_k 组成。这时,只需要求出从 P_k 到 H_{k-1} 的切线(如图 2.4 所示),同时相应地修改凸壳。

如何找到这两条切线呢?首先假设切线只切于凸壳一点。观察图 2.4 会发现,位于下方的切点 P_i,P_k 在线段 $P_{i-1}P_i$ 的左侧,而在线段 P_iP_{i+1} 的右侧;相反,位于上方的切点 P_j,P_k 在

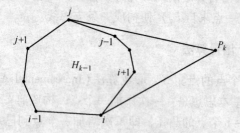

图 2.4 增量算法中 $P_k \notin H_{k-1}$ 时的情形

线段 $P_{j-1}P_j$ 的右侧，而在线段 P_jP_{j+1} 的左侧；总之，P_k 在与切点相邻的两条边的异侧。切点的确定也可以通过"左侧判定"来完成。因此，该过程可以在包含判定的过程中同时进行。

对于任意情况下，可以用下面的函数来判定一个顶点是否为切点：

$$\text{Xor}\left[\,p_k \text{ left or on } (p_{i-1},p_i),p_k \text{ left or on } (p_i,p_{i+1})\,\right]$$

当然也可以在对一条边进行"左侧判定"时保留上一次的判定结果，若本次判定的函数值和上次的不同，则说明本次判定过程中有向边的始点是切点。

该算法一以判定点在有向线段的左、侧为基本操作，则判定正切点算法的时间复杂度为 $O(k)$。在最坏情况下，即 n 个点均为凸壳顶点，增量算法的时间复杂性为 $3+4+\cdots+n=O(n)$。1987 年，Edelsbrunner 提出了改进的增量算法[12]，其时间复杂性为 $O(n\lg n)$。

增量算法可以比较容易地推广到三维及三维以上空间。

2.3.6　周培德算法

周培德教授是国内计算几何领域的知名专家，为计算几何的发展做出了巨大的贡献。他于 1988 年提出了两个计算平面点集凸壳的算法。其基本思想是先求出点集中 x，y 坐标最大、最小值，然后顺序连接最大、最小值所对应的点成四边形，该四边形划分点集合为 5 个子集，不考虑位于四边形内的子集，对其他 4 个子集分别删去不是凸壳的顶点的点，如图 2.5 所示。

周培德教授的第一个算法：

输入：平面上 n 个点的坐标 $p_1(x_1,y_1)$，$p_2(x_2,y_2)$，$\cdots$，p_n (x_n,y_n)，所有 n 个点存入 B：array $(1..n)$ of point。

输出：凸壳顶点 $B_i(i=1,2,3,4)$：array $(1..n_i)$ of point。

Step 1：if $n=3$ then 三点均为凸壳顶点

　　　　　else goto Step 2。

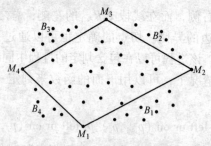

图 2.5　周培德算法示意图

Step 2：计算 $\{x_1, x_2, \cdots, x_n\}$ 的最大、最小值，确定相应的点，记为 M_2，M_4（设最大、最小值只有一个）。计算 $\{y_1, y_2, \cdots, y_n\}$ 的最大、最小值，确定相应的点，记为 M_3，M_1（设最大、最小值只有一个）。

Step 3：连接 M_1，M_2，M_3 和 M_4 成四边形，$M_i M_{i+1}$（$M_5 = M_1$）右侧的点存入 B_i（$i = 1, 2, 3, 4$）。

Step 4：$i \leftarrow 1$

Step 5：**if** $B_i = \phi$ **then goto** Step 7

else 将 B_i 中的点按 x 坐标分类，设分类结果为 $p_{i1}(= M_i)$，p_{i2}，$\cdots$，$p_{in_i}(= M_{i+1})$。

Step 6：检查 p_{i1}，p_{i2}，$\cdots$，p_{in_i} 中哪些点是凸壳顶点（p_{i1} 和 p_{in_i} 必定是凸壳顶点）。

Step 6-1：依次连接 p_{i1}，p_{i2}，$\cdots$，p_{in_i}，$k \leftarrow 3$。

Step 6-2：**if** p_{ik} 在 $\overrightarrow{p_{i1}, p_{i2}}$ 右侧 **then** 连接 p_{i1} 与 p_{ik}，删去 p_{i2}，p_{ik} 改为 p_{i2}，改 p_{il} 为 $p_{i,l-1}$（$l = 4$，$n_i - 1$），$n_i \leftarrow n_i - 1$，**goto** Step 6-2；

else 连接 p_{i2} 与 p_{i3}，$k \leftarrow k + 1$

if $k > n_i$ **then goto** Step 7

else goto Step 6-3。

Step 6-3：**if** p_{ik} 在 $\overrightarrow{p_{i,k-2}, p_{i,k-1}}$ 右侧 **then** 连接 $p_{i,k-2}$ 与 p_{ik}，删去 $\overrightarrow{p_{i,k-1}, p_{ik}}$ 改为 $p_{i,k-1}$，p_{ik} 以后的点的下标减

$$1, \; n_i \leftarrow n_i - 1;$$
$$k \leftarrow k - 1;$$

    if $k > 3$ **then goto** Step 6-3

    else goto Step 6-2

   else goto Step 6-4。

Step 6-4：**if** p_{ik} 在 $\overrightarrow{p_{i,k-2}, \; p_{i,k-1}}$ 的延长线上 **then** 连接 $p_{i,k-1}$ 与

    p_{ik}，$k \leftarrow k + 1$；

    if $k > n_i$ **then goto** Step 7

    else goto Step 6-3

   else goto Step 6-5。

Step 6-5：p_{ik} 在 $\overrightarrow{p_{i,k-2}, \; p_{i,k-1}}$ 的左侧，连接 $p_{i,k-1}$ 与

    p_{ik}，$k \leftarrow k + 1$。

    if $k > n_i$ **then goto** Step 7

    else goto Step 6-3。

Step 7：B_i 中的 n_i 个点(包含 M_i 和 M_{i+1})即凸壳部分顶点。

Step 8：**if** $i > 4$ **then goto** Step 9

   else $i \leftarrow i + 1$ **goto** Step 5。

Step 9：$B_i (i = 1, \cdots, 4)$ 中的点即凸壳顶点。

  算法的第 3 步使得位于四边形 $M_1 M_2 M_3 M_4$ 内部的点均不能进入 $B_i (i = 1, \cdots, 4)$，即这些点不是凸壳顶点的候选点(但仍保留在 B 中)。对 B_i 中的点要逐点检查，按 B_i 中各点 x 坐标的顺序(B_1，B_4 中的点按递增序，B_2，B_3 中的点按递减序排序)，利用判定点在已知方向线段的右侧、左侧或其上的方法对 B_i 中的点进行筛选，其依据是凸壳顶点必在其方向边(逆时针方向为正向)的左侧(或其上)。当点 p_{ij} 在某方向线段 $\overrightarrow{p_{i,j-2}, \; p_{i,j-1}}$ 的左侧(或其上)时，则 p_{ij} 暂时保留在 B_i 中；而当点 p_{ij} 在某方向线段 $\overrightarrow{p_{i,j-2}, \; p_{i,j-1}}$ 的右侧时，则删去点 $p_{i,j-1}$。每当 k 值增加 1 或减少 1 时，p_{ik} 及其之前的点就暂为凸壳顶点。每当 p_{ik} 改为 $p_{i,k-1}$ 时，便从 B_i 中删去一个点，同时 n_i 的值减 1。经这样筛选后，B_i 中就不可能有点位于某方向线段的右侧。因此，算法

Z_{3-1} 正确地求出了平面点集的凸壳顶点。

该算法的 Step 2 需要 $2\left\lceil\dfrac{3}{2}n-2\right\rceil$ 次比较操作，Step 3 用线性次乘法就可以完成，Step 5 分类共耗费 $\displaystyle\sum_{i=1}^{4} n_i \lg n_i$ 次比较，Step 6 至多需要 Cn_i 次判定（C 为常数），每次判定要 9 次乘法，所以 Step 6 需要线性乘法。其他步骤在常数时间内均可完成。因此算法 Z_{3-1} 总的时间耗费为 $O(n\lg n)$ 次比较和线性次乘法。

周培德教授的第二个算法

第二个算法的输入、输出、Step 1 至 Step 4 与第一个算法完全相同。所不同的是对 4 个子集的处理方法上。

在第一个算法中，求每一个子集中的凸壳点时采用的是类似格雷厄姆算法的后半部分，将其中的点首先按照 x 坐标分类然后连接成一个简单多边形，然后在扫描该子集中的点，查找到其中的凸壳点。

在第二个算法中，求每一个子集 B_i 中的凸壳点时采用的是距离法。即先计算每一个点到该子集相关联的两个极值点 M_i，M_{i+1} 所确定的线段的距离，得到距离最大的点 P，P 就是一个新的凸壳点。M_i，M_{i+1} 和 P 将子集 B_i 分割成 3 个更小的子集，对 $\overrightarrow{P, M_i}$ 以及 $\overrightarrow{P, M_{i+1}}$ 右侧的子集进行同样的操作，直到每个子集为空集时算法结束，求出所有的凸壳点。

这两个算法的共同点就是首先求出 4 个方向上的极值点，将整个点集分割成 5 个部分，然后对点集进行扫描，舍弃中间区域中的点，四边形每一条边右侧的点形成一个子集和该边相关联，然后对每一个子集中的点做进一步处理。无论采用哪一种处理方法，它们的时间复杂性均为 $O(n\lg n)$。

2.3.7 实时凸壳算法

脱机算法要求在执行算法之前给出所有点的坐标。但在许多实际问题的处理中这一要求并不能得到满足。一种情况是当阶段计算完成时算法才接受（或请求）一个新的输入，另一情况是数据按某种规律（比如等时间间隔）到达，这时要求在下一个数据到达之前完成阶段计算。这就要使用联机算法，而后一种情况下的联机算法又称为实时凸壳算法。

脱机算法的下界也适用于联机算法，由此可推得联机算法在连续输入之间所需处理时间的下界，然后设计满足该下界要求的联机凸壳算法。

设 $T(n)$ 是联机算法求解输入规模为 n 的问题所需要的最坏情况的时间，$U(i)$ 是第 i 个输入和第 $i+1$ 个输入之间所用的时间，$L(n)$ 是求解问题所需要的时间的一个下界，则关系式

$$T(n) = \sum_{i=1}^{n-1} U(i) \geq L(n)$$

给出 $U(i)$ 的一个下界，即任何联机凸壳算法在相邻两点输入之间需要 $O(\lg n)$ 处理时间。

Preparata 于 1979 年设计了一个联机算法[107]，其 $T(n)$ 为 $O(n\lg n)$，$U(i)$ 为 $O(\lg n)$，从而满足限界要求。设 $C_{i-1} = CH(\{p_1,p_2,\cdots,p_{i-1}\})$，时刻 i 输入点 p_i，要求在 $O(\lg n)$ 时间内找到从 p_i 到 C_{i-1} 的正切线。从 p_i 看 C_{i-1}，位于左（右）边的正切线称为左（右）正切线。如果 p_i 位于 C_{i-1} 的内部，则不存在从 p_i 到 C_{i-1} 的正切线。如果存在左、右正切线，那么用 p_i 代替两个正切点之间的顶点链便得到 $CH(\{p_1,p_2,\cdots,p_{i-1}\})$。

另外一种实时凸壳算法[1]，其依据是，如果点 p' 在凸壳 CH 的内部，则射线 $\overrightarrow{p'v}$（如图 2.6 所示）逆时针旋转角度 2π 之后回到初始位置；如果点 p 在 CH 的外部，射线 $\overrightarrow{pv}$（v 在 CH 上）先逆时针方向旋转，到 v_i 后改为顺时针方向旋转，到 $v_{i'}$ 后又改为逆时针方向旋转，直至回到初始位置为止。改变旋转方向的位置恰好是正切点。

下面只给出该算法的描述。

算法名称：实时凸壳算法

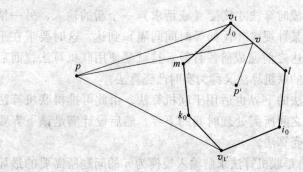

图 2.6 正切线和正切点

算法输入:

算法输出:

步 1　if $|S| = 3$ then 3 点为凸壳顶点,连接 3 点便得 CH (S),终止

　　　　else goto 步 2

步 2　任取 3 个点(不共线)组成凸壳顶点,再逐个取剩余点,执行步 3

步 3　已知 $CH(S'), S' \subset S, CH(S')$ 的顶点按逆时针方向排列,简记 $CH(S')$ 为 C

if $S - S' = \varphi$ then 输出 $CH(S')$,终止

else 在 $S - S'$ 中取点 p

步 4　在 C 中任取 3 个顶点 i_0, j_0, k_0

步 5　if $\angle i_0 p j_0, \angle j_0 p k_0, \angle k_0 p i_0$ 同符号(逆时针方向为正)

　　　　then p 是 C 的内点,goto 步 3

　　　　else goto 步 6

步 6　if $\angle i_0 p j_0$ 与 $\angle j_0 p k_0$ 不同符号 $\wedge i_0, j_0, k_0$ 是 C 的 3 个相邻的顶点

　　　　then j_0 是正切点,goto 步 7

else if $\angle i_0 p j_0$ 与 $\angle j_0 p k_0$ 不同符号 $\wedge i_0, j_0, k_0$ 是 C 的 3 个不相邻的顶点,设点顺序为 $i_0, \cdots, 1, j_0, \cdots, m, \cdots, k_0$

　　　　then 检查区间 $i_0 l j_0, l j_0 m, j_0 m k_0$

if $\angle lpj_0$ 与 $\angle j_0 pm$ 不同符号（或其他角对不同符号）

then 以 l, j_0, m 代替 i_0, j_0, k_0，**goto** 步 6

步 7　重复执行步 6 一次，找到正切点 v_i 和 $v_{i'}$。该正切点分裂 C 为两部分 C_1 与 C_2，如图 2.6 所示，删去内部点链 C_1, p 与 C_2（包括 $v_i, v_{i'}$）构成 $CH(S' \cup \{p\})$

$S' \leftarrow S' \cup \{p\}$，goto 步 3

这是一种概率算法（或称随机化算法），它所需要的执行时间显然与 3 个初始点、p 点、i_0、j_0、k_0 及 l、m 的选取有关。如果以二叉搜索方式选取 l、m，那么耗费 $O(\lg n)$ 时间可以找到正切点 v_i 与 $v_{i'}$。由于点集 S 有 n 个点，所以该算法的时间复杂性为 $O(n \lg n)$。

实时凸壳算法和增量算法有些类似，这里不再赘述。

凸壳问题是计算几何的一个基本问题。自计算几何诞生起，就不断有各种新的算法出现。如在 2006 年，国内的张显全等还提出了一种基于凸多边形的凸壳算法[108]。

2.4　海量平面点集凸壳的解决方案

现有的计算平面点集凸壳算法由于涉及到大量的空间查询，当点集中包含的点的数量比较大时，计算效率就会大大下降而不能满足实际应用的要求。

本书提出了凸壳的城堡定理，设计并实现了城墙的快速搜索算法，该算法可以作为海量平面点集凸壳计算的数据预处理过程。在计算海量平面点集凸壳时，可以先用该算法从点集中筛选出一小部分点作为候选点集，再用其他凸壳算法就可以很快地计算出整个平面点集的凸壳。

2.4.1　平面点集凸壳的城堡定理

2.4.1.1　基本思想

根据凸壳的定义可知，凸壳（如没有特别说明，均指平面点集凸壳）的计算应该只与四周边界上的一部分点有关，而与内部的大部分点无关。如果能将影响凸壳计算的外围的点提取出来，必然会使凸壳计算效率有很大的提高。

普雷帕拉塔与沙莫斯在其专著《计算几何导论》中，在讨论三维空间点集凸壳时有这样一段话："注意与二维方法的明显不同，在那里我们利用 x 维中已知的点的次序的有利条件：我们没有利用点的网格结构来产生一个较快的算法，而用了一个一般的算法。一个引起兴趣的问题是在二维网格中 S 的点的有规律的安排是否能用来得到一个比一般的算法更有效的算法"[137]。平面点集凸壳的城堡定理以及城墙快速搜索算法就是该问题的一个好的解答。

为此，将平面点集中的点划分成 $m \times n$ 个大小相等的格子。为了描述的方便，将每一个格子称为一个单元格。经过这样的划分后，有的单元格中有点，有的单元格中就没有点。单元格中所包含的点，包括位于单元格内部的点，也包括位于其边界上的点。因此，一个点可以同时被包含在多个单元格中。那么哪些单元格中的点对凸壳计算有用呢？本书提出的"城堡定理"揭示了这个规律。

2.4.1.2　城堡定理

为了说明城堡定理（Castle Theorem）的内容，需要对相关的概念和预备定理作相关的说明。

定义 2.1　设 S 是一平面点集，$CH(S)$ 是包含 S 中的所有点的凸多边形，并且对于任意的包含 S 中的点的凸多边形 $CH_0(S)$ 都有 $CH(S) \subseteq CH_0(S)$ 成立，则称 $CH(S)$ 为平面点集 S 的凸壳。将 $CH(S)$ 的顶点称为凸壳点，将 S 中不是 $CH(S)$ 的顶点的点称为内点。

研究发现，使用下面的方法可以发现对计算凸壳有用的单元格。假想有一个无穷大的矩形，这个矩形也划分成一个个的单元格，每个单元格的大小和对数据域划分出的单元格的大小完全一样，其外面一周的单元格是透明的。该矩形被用来探测城外单元格、城墙单元格和城内单元格，称之为单元格类型探测模板（以下简称探测模板），如图 2.7（a）所示。

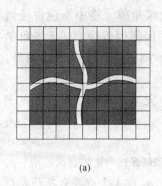
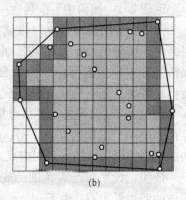

(a)　　　　　　　　　　　　(b)

图 2.7　探测模板和探测结果

(a)—单元格类型探测模板；(b)—探测结果

使用探测模板的规则：

（1）探测模板可以平移但不能旋转，并保持与数据域划分方向平行；

（2）探测模板要尽可能地从数据域外部向数据域中心移动；

（3）探测模板内部单元格所覆盖过的单元格不能包含点。

用探测模板对单元格类型进行探测的具体方法见定义 2.2。

定义 2.2　使用探测模板从各个方向对划分后的数据域进行探测，探测模板内部单元格所能覆盖到的单元格，就是城外单元格；只能被探测模板的边沿探测到的单元格就是城墙单元格；其余不能被探测模板覆盖的单元格就为城内单元格。所有的城墙单元格构成城墙。

显然，城外单元格中不包含任何点。

定义 2.3　一个单元格的东、南、西、北、东南、东北、西南、西北这 8 个单元格称为该单元格的邻居。

不同类型的单元格的邻居中城外（边界）单元格的数量存在

着一定的规律性。城内单元格的邻居没有一个在城外。城墙上的单元格的邻居中至少有一个在城外（同时也至少有一个在城内）。

定义2.4 城墙上向外凸出处的单元格称为城角。

定理2.1 城角中至少包含一个点。

证明：若结论不成立，也就是说城角单元格中不包含任何点，由于城角的外部是城外，如果用探测模板探测，该城角单元格就会被模板内部单元格所覆盖，则该单元格就属于城外，而不是城墙，更不是城角。证毕。

定理2.2 设 S 是一平面点集，p 是 S 中的一个点，在 S 中存在另外4个不同的点 p_1、p_2、p_3、p_4，若 p 在 p_1、p_2、p_3、p_4 构成的四边形内，则 p 必为内点。

证明：设平面点集 S 的凸壳为 $CH(S)$，由 p_1、p_2、p_3、p_4 构成的四边形为 Q。由于 p_1、p_2、p_3、p_4 这4个点要么是凸壳点要么是内点，四边形 Q 必在 $CH(S)$ 内或内切 $CH(S)$，而 p 在 Q 内，因此 p 必然在 $CH(S)$，即 p 为 S 的内点。证毕。

定理2.3 （城堡定理）凸壳点必在城墙上。

证明：所有的格子被分为三种，即城外、城墙和城内。要证明凸壳点必在城墙上，只要证明城内单元格中的点必为内点即可。因为城外单元格中不包含点。

城内的点 p 可以分为两种情况：（1）在城内和城墙单元格的边界上；（2）不在城内和城墙单元格的边界上。在第一种情况下，点 p 也在城墙上，因此只需证明第二种情形就可以了。

在第二种情况下，由于城内的任意一个单元格 x 的东北、西北、东南、西南4个角方向一定有城角，而城角单元格中至少包含一个点，从其4个城角单元格中任取一点，构成一个四边形，则 x 必在该四边形内。依定理2.2可知，x 为内点。证毕。

通过城堡定理可以看出，城外是没有点的，城内单元格中的点都是内点，对凸壳的计算是没有用的，只有城墙上的单元格中的点对计算凸壳有用。如果能够比较快速地在所有的单元格中找到城墙，就可以通过 SQL 查询将城墙中的点检索出来，构成凸壳计算的候选点集，从而去除大部分对凸壳计算没有影响的点，提高凸壳计算的效率。本书提出的城墙快速搜索算法给出了解决这个问题的答案。

2.4.1.3 依据城堡定理求解海量平面点集凸壳的主要步骤

利用本算法计算平面点集凸壳的主要步骤如下：

Step 1：用户输入分割的行列数；

Step 2：获取点集数据表中点集的有关统计信息（两个维度的最大值、最小值）；

Step 3：根据用户输入的分割行列数和点集统计信息计算分割方案；

Step 4：利用城墙快速搜索算法搜索到城墙单元格；

Step 5：从点集表中提取城墙单元格中的点形成候选点集，并插入到一个临时表中；

Stcp 6：排除候选点集中的重复点（候选点集中的重复点是位于两个相邻的城墙单元格的公共边界上的点，数量不是很多，因此此步可以略去）；

Step 7：根据候选点集计算凸壳。

在最后一步计算候选点集的凸壳时可以使用已有的凸壳算法。其中，城墙单元格的快速搜索是一个重要的关键步骤。

2.4.2 城墙快速搜索算法

搜索城墙单元格时，可以对每一个单元格进行一次 SQL 查询，以获得它们中所包含的点数，但这样必然会增加一些不必要的 SQL 查询，降低城墙搜索的效率。本书提出了一种从外到内，逐层深入的城墙快速搜索算法——城墙快速搜索算法（Fast Rampart Searching Algorithm，FRSA）。

为了进行城墙的快速搜索，本算法中将单元格的类型划分为以下五类：

0——城外；

1——城墙，搜索数据库后判定的；

2——城墙，直接标识的；

3——城内，判断过；

4——城内，未判断过。

单元格类型（type）初始化为 4。在可视化显示搜索结果时，每一种类型被赋予不同的颜色，以示区别。

城墙快速搜索算法可以分为主要的两个步骤：

Step 1：搜索最外层单元格；

Step 2：从次外层开始，依次搜索里面的各层单元格，直到搜索完成为止。

最外层中城墙的搜索方法和里面各层是不一样的，因此作为两个不同的步骤。另外，对搜索是否结束的判定也是非常重要的。

2.4.2.1 最外层城墙单元格搜索方法

最外层由东、南、西、北 4 个边上的单元格构成。该算法分别就每一边上的单元格进行搜索，搜索的具体方法是：

分别从两头对每一个单元格进行扫描，判断其是否包含点，如果不包含点，就将其类型置为 0；否则就将该位置（数组下标）保存下来。将该边的从两头找到的第一个单元格的类型（type）置为 1，并将这两个单元格之间的所有单元格的类型置为 2。

对每一个边进行同样的扫描，就完成了最外层的城墙搜索。

2.4.2.2 里面各层城墙单元格搜索方法

里面各层城墙单元格的搜索要参考其外层的状态。其搜索也分为东、南、西、北 4 个边。对每一个边的搜索算法，总的算法流程的伪代码描述如下：

layer = 1;//开始搜索的层数，layer = 0 为最外层

while（true）{

　　　　对 layer 层的东边单元格进行搜索；

　　　　对 layer 层的南边单元格进行搜索；

　　　　对 layer 层的西边单元格进行搜索；

对 layer 层的北边单元格进行搜索；
```
if(搜索完成){
        break;//退出循环
}
layer++;//搜索里面的一层
}
```
其中对每一边（北边为例说明）上城墙单元格的搜索算法如下：
```
begin=0;
end=0;
从左到右对每一个单元格进行如下操作
    if(该单元格已是城墙){
            begin←当前位置；
            结束该方向的搜索；
    }else{
        if(外单元是城墙){
                begin←当前位置；
                结束该方向的搜索；
        }else{
            pointNumber←查询数据库该单元格中包含的
                        点数；
            if(该单元格中有点){
                begin←当前位置；
                    该单元格.type←1
                结束该方向的搜索；
            }else{
                该单元格.type←0
            }
        }
    }
}
```

从右到左对每一个单元格进行如下处理

```
if (该单元格已是城墙) {
        end←当前位置;
        结束该方向的搜索;
} else {
    if (外单元是城墙) {
            end←当前位置;
            结束该方向的搜索;
        } else {
            pointNumber←该单元格中包含的点数(查询
                            数据库);
            if(该单元格中有点) {
                    end←当前位置;
                    该单元格 . type←1
                    结束该方向的搜索;
                } else {
                    该单元格 . type←0
                }
        }
}
```

对 begin 和 end 之间的单元格逐个作如下处理:

```
if(该单元格 . type ==4) {    //未被标识过
    if(外面单元格 . type ==0 or 外面单元格 . type ==1) {
            该单元格 . type = 2;
        } else {
            if(外面单元格 . type ==2 or 外面单元格 . type ==3) {
                该单元格 . type = 3;
            }
        }
}
```

如此便完成了对整个城墙的快速搜索。在搜索过程中，只是在必要的时候查询数据库，因此，SQL 查询的次数实际上并不多。经分析可知：SQL 查询的次数 = 城外单元格的数量 + 城角单元格的数量。

2.4.2.3　搜索结束条件的判定

在该算法中，搜索结束条件的判定是在完成某一层的搜索后进行的。搜索结束的条件是该层上所有的单元格（构成一个矩形）中没有一个是城外单元格。

2.4.2.4　算法实现

为了验证本书的思想与算法，在 JBuilder 9 下完成了实验。如图 2.8 所示为将点集分割为 30×30 个单元格时所计算出的城

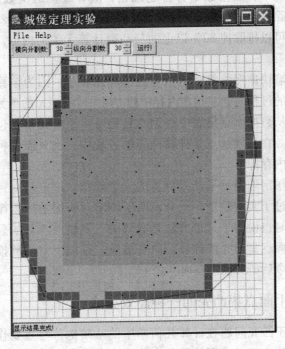

图 2.8　城墙搜索算法实验结果

墙（深灰色单元格部分）。

由于此算法在空间和时间上优异的性能，因此非常适合在计算海量平面点集的凸壳时作为数据预处理过程，排除大部分对凸壳计算无用的点对象，从而在整体上提高凸壳计算效能，使现有的凸壳算法能够应用于海量数据的情形。

2.4.2.5 算法效率分析

在利用城墙快速搜索算法计算候选点集时，不需要空间索引和空间几何查找，充分利用了 SQL 查询的优异性能，因此能高效地从平面点集中获得候选点集。这部分性能的高低主要取决于 SQL 查询的次数。而 SQL 查询的次数取决于数据集本身的数据分布状况和对数据集的分割方案（即单元格的分割总数）。一般情况下，数据域划分得越细密，SQL 查询的次数就越多，但被排除的点就会越多。一般地，将数据域划分为 30×30 的单元格就可以排除掉 80% 以上的与凸壳计算无关的内点，达到较好的效果。

城墙快速搜索算法对内存的依赖比较小。因为该算法在搜索城墙的过程时，只是在内存中建立了一个 $m \times n$ 的单元格对象数组，从数据库点集表中查询的只是每一个单元格中包含的点的数量。在从候选点集计算凸壳的过程中，也只需要将候选点集装入内存即可。

城堡定理揭示了凸壳计算的一个规律，该定理得到了证明并且经过了实验验证，充分说明了该定理所揭示的规律的正确性，同时也说明了这种方法是有效的。但目前该算法只能用于二维平面点集凸壳的计算。向三维及三维以上空间的推广将是该算法今后研究的主要内容之一。

2.5 平面点集凸壳的一种高效算法

由于凸壳问题在计算几何学中的基础地位与重要作用，人们一直致力于寻求更快的凸壳算法。在此提出并实现了一种计算平面点集凸壳的快速算法——八方向极值快速凸壳算法。该算法首先对平面点集进行一次扫描，从而快速地查找到东、西、南、北、东南、西南、东北、西北 8 个方向上的极值点，构造出一个更接近凸壳的初始凸壳，这样在对后续点集进行扫描时就可以排除更多的内点。另外，在扫描的同时还可以将每一条子凸壳边与其外点相关联，并确定每一条子凸壳边的最远外点。这些原因使该算法有更高的计算效率，其期望时间复杂度达到了线性水平。实验表明该算法的计算效率达到了令人满意的效果，比 QuickHull 算法[109]更快、更有效。特别是当点集规模较大时，更显示出本算法的优越性。

2.5.1 算法的基本思想

2.5.1.1 子凸壳（初始凸壳）

为了描述上的方便，首先给出一些定义和相关定理。

定义 2.5 （子凸壳或初始凸壳）：设 S 为一个平面点集，$CH(S)$ 是点集 S 的凸壳，将删除掉 $CH(S)$ 上的若干个二度结点后形成的多边形称为点集 S 的子凸壳（或初始凸壳），记作 $SCH(S)$。

定义 2.6 称点集 S 的子凸壳上的顶点为子凸壳点。称点集 S 的子凸壳上的边为子凸壳边。

定义 2.7 如果点集 S 中的一个点 p 位于 S 的一个子凸壳 $SCH(S)$ 的外面，则称 p 为 $SCH(S)$ 的外点；若点 p 位于 $SCH(S)$ 的里面（或在其边上），则称其为子凸壳 $SCH(S)$ 的内点。

由上面的定义可以看出，一个点集的子凸壳点必定是该点集的凸壳点；但一个点集的子凸壳边不一定是该点集的凸壳边。若一个点是一个点集的子凸壳的内点，则它必然是其凸壳的内点。而对于凸壳来说，点集 S 中的点要么是凸壳点，要么是内点。

定理 2.4 点集 S 的子凸壳 $SCH(S)$ 的外点必然只在 $SCH(S)$ 的一条子凸壳边的外面。

证明：（用反证法）假设定理 2.4 的结论不成立，即 SCH (S) 的一个外点 P 位于两条不同的子凸壳边 C_iC_j 和 C_sC_t 的外面。

若 C_iC_j 和 C_sC_t 平行，由于子凸壳是凸多边形，因此，P 就位于凸多边形相对的两条平行边的外面。这两条子凸壳边所在的直线将平面划分成不重叠的 3 个区域：两条直线之间的区域和两条直线外面的区域。很显然一个点是不可能位于两个互不重叠的区域内。

若 C_iC_j 和 C_sC_t 不平行，设它们的交点为 A，则这两条子凸壳边上离 A 点较远的两个凸壳点（设为 C_i 和 C_s）和点 P 就构成一个三角形，而 C_j 和 C_t 必在这个三角形内，也就是说 C_j 和 C_t 是内点，这和前面假设的 C_j 和 C_t 是凸壳点相矛盾。结论得证。

如图 2.9 所示，$C_0C_1C_2C_3C_4C_5C_6C_7$ 是点集 S 的一个子凸壳 $SCH(S)$。这里假设 S 中的一点 P 位于子凸壳边 C_3C_4 和 C_4C_5 的外面。则子凸壳点 C_4 必然在三角形 C_3PC_5 的内部，必不是凸壳点，这和 C_4 是凸壳点相矛盾。

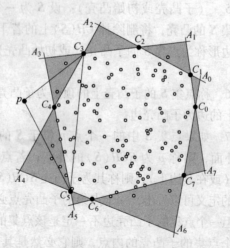

图 2.9　子凸壳的外点及其可能区域

一般地，如果 $C_0C_1\cdots C_r$ 是点集 S 的一个子凸壳，则该子凸壳的外点就在 $C_{i-1}C_i$ 的内侧、$C_{i+1}C_{i+2}$ 的内侧和 C_iC_{i+1} 的外侧所

构成的区域（可能是封闭的，也可能是半封闭的）。其中 $i = 0 \sim r$，如果 C_m 中的下标 m 大于 r 则令 m 对 r 取余）。也就是图 2.9 中的灰色部分。

图 2.9 中每一个灰色区域都和一条边相关联。在灰色区域中且不在子凸壳边上的点就是该子凸壳边的外点。

对于一个点集 S，可以比较容易地寻找到它的几个特殊点，如使得 x 值和 y 值最大（或最小）的点。这些点很显然是点集 S 的凸壳点。这些极值点按照一定的顺序就可以形成点集 S 的一个子凸壳（初始凸壳）。

找到点集 S 的一个子凸壳之后，可以扫描 S 中的不是子凸壳点的其余点，这些点要么是子凸壳的内点，要么是某条子凸壳边的外点。对于某条子凸壳边的所有外点，可以求出其中距离该子凸壳边最远的点，这一点也必然为一个凸壳点，并且介于该子凸壳边的两个凸壳点之间。然后就可以将该子凸壳边的所有外点扫描一次，找出哪些是新形成的两条子凸壳边的外点，并与它们各自关联起来。如此反复下去就可以计算出点集 S 的凸壳。

对要处理的每一个点 $p(x_0, y_0)$ 要判断在子凸壳边 $\overline{C_i(x_1, y_1)C_{i+1}(x_2, y_2)}$ 的哪一侧需计算下面的三阶行列式的值 σ：若 $\sigma > 0$，点 p 在 C_iC_{i+1} 的左侧；若 $\sigma < 0$，点 p 在 C_iC_{i+1} 的右侧；若 $\sigma = 0$，点 p 在 C_iC_{i+1} 上。

$$\sigma = \begin{vmatrix} x_0 & y_0 & 1 \\ x_1 & y_1 & 1 \\ x_2 & y_2 & 1 \end{vmatrix}$$

2.5.1.2 八方向极值点

从上面的分析可以看出，对于初始凸壳内部的点，只需被扫描一次就可以被排除。因此，如果能在最短的时间内找到更多的初始凸壳点，无疑会加快整个凸壳的计算速度。

使得 $x = \max(x)$、$x = \min(x)$、$y = \max(y)$、$y = \min(y)$ 的点

很显然是平面点集 S 的 4 个凸壳点。

定理 2.5　设 $S = \{(x_i, y_i) \mid i = 1, \cdots, N\}$ 是一个平面点集，使 $x_i + y_i = \max(x_i + y_i)$、$x_i + y_i = \min(x_i + y_i)$、$x_i - y_i = \max(x_i - y_i)$、$x_i - y_i = \min(x_i - y_i)$ 的点一定是凸壳点。

证明：这里假设 S 中的点均在平面直角坐标系的第一象限（如果不在，可以对 S 中的点进行平移操作），即 $x_i \geq 0 \wedge y_i \geq 0$。

这样，距离直线 $L1$：$y = -x$ 最远（最近）的点必为一个凸壳点。

点 $P(x_0, y_0)$ 到直线 $y = -x$ 的距离为：

$$\text{dist} = \frac{|0 - y - x|}{\sqrt{2}} = \frac{|x + y|}{\sqrt{2}} = \frac{x + y}{\sqrt{2}}$$

因此，到直线 $L1$ 最远（最近）也就是使 $(x + y)$ 最大（最小）。

如果一个点距离直线 $L1$ 的距离最大（最小），则该点必然是凸壳点。因为过该点做 $L1$ 的平行线，其余的点均在该直线的同一侧。

同样，距离直线 $L2$：$y = x + b$（其中 $b = +\infty$）最远（最近）的点也必为一个凸壳点。

点 $P(x_0, y_0)$ 到直线 $L2$ 的距离为：

$$\text{dist} = \frac{|b - y + x|}{\sqrt{2}} = \frac{|b + (x - y)|}{\sqrt{2}}$$

由于 $b = +\infty$，要使得 dist 最大（最小），就必须使 $(x - y)$ 取最大值（最小值）。同理，使 $x - y = \max(x - y)$ 的点和使 $x - y = \min(x - y)$ 的点也是凸壳点。

依据定理 2.5 的内容，就可快速找到点集 S 的 8 个方向上的极值点（如图 2.10 所示），从而找到更接近于 $CH(S)$ 的初始凸壳。

在查找 8 个方向上的极值点时只需在对点集扫描时，进行

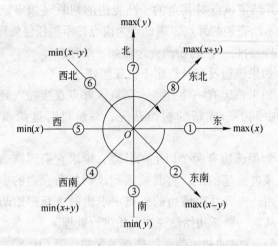

图 2.10 八方向极值

简单快速的加法运算和比较操作，因此，寻找极值的过程非常迅速。相对于其他运算过程，可以忽略不计。

2.5.2 算法设计与实现

基于上述分析，本书设计出下面的"八方向极值快速凸壳算法"，具体描述如下：

算法名称：八方向极值快速凸壳算法。

输入：平面点集 S。

输出：平面点集 S 的凸壳 $CH(S)$。

算法步骤：

Step 1：扫描点集 S 中的所有点，求出 8 个方向上的极值点。

Step 2：按照如图 2.10 所示顺序排列 8 个极值点，并去除相邻的重复点（最后一个点和第一个点相邻），构成点集 S 的初始凸壳。

Step 3：扫描点集 S 中除极值点外的所有剩余点。如果该点在某一条子凸壳边的外面，则将该点加入到该子凸壳边的外点集合中，并结束该点对其余的子凸壳边的判断（如果该点不是任何一条子凸壳边的外点，则该点为内点，不做任何处理）。

Step 4：对每一条初始凸壳边做如下处理：

（1）如果该边没有外点则不做任何处理；

（2）如果该边有一个外点，则将该外点直接插入到该初始凸壳边的中间，形成新的初始凸壳，并跳过对这两条新边的处理。

（3）如果该边有两个以上的外点，则求它们到该边的距离并求出距该边最远的点，将其插入到该初始凸壳边的中间，形成新的初始凸壳。并在该边的外点中求出两条新初始凸壳边的外点。并从第一条新初始凸壳边开始进行处理。

Step 5：此时的初始凸壳就是点集 S 的凸壳 $CH(S)$，输出计算结果，算法结束。

该算法的一个最大的特点就是在算法的开始，用很短的时间找到 8 个方向上的极值点，找到更接近凸壳的初始凸壳，从而使点集中的大部分点（90%以上）成为初始凸壳的内点（也是凸壳的内点），使算法效率大大提高。故将该算法称为八方向极值快速凸壳算法。

2.5.3　算法的效率分析与实验验证

2.5.3.1　算法的效率分析

A　空间复杂度分析

设平面点集中有 N 个点，其凸壳有 h 个顶点。另外，设最初的初始凸壳多边形的外面有 m 个点。

在该算法中，平面上 N 个点的坐标存放在一个二维数组（或两个一维数组）中。为了标记一个点是否为凸壳点，需要一个逻辑型的一维数组。另外，还需存储最多 h 个初始凸壳点的 ID 号（数组下标）。对于每一条初始凸壳边的外点，只需要存储其每一个外点的 ID 号，并使其与一条初始凸壳边的始顶点相关联。因此，该算法只需要存储：

（1）$2N$ 个实数；

（2）N 个逻辑值；

（3）$h+m$ 个整数。

由于 $h+m <= N$，因此该算法的空间复杂度为 $O(N)$。

B　时间复杂度分析

在最好的情况下，即所有点分布在一个矩形区域内，该算法的时间复杂度为 $O(N-4)$。

在最坏的情况下（即所有点分布在一个圆周上），该算法的时间复杂度为 $O\left(\dfrac{N\lg N}{\lg 2} - 4N + 8\right)$。因此在最坏情况下，该算法也不能突破 $O(N\lg N)$ 的时间复杂度下限。

下面主要分析在一般情况下（点集中的点随机分布在一个圆周内）该算法的时间复杂度。

在算法的第一步，在对平面点集 S 中的点进行扫描的过程中，只是进行简单的加减法运算和线性次数的比较操作，就可以快速地确定 8 个方向上的凸壳点，运算的速度是非常快的。在该步骤中，最多可以找到 8 个初始凸壳点。当然能找到的初始凸壳点的个数，取决于点集 S 中点的分布状态。

由于第一步查找到的八方向极值点可能有重复，因此要删除掉相邻的重复初始凸壳点。这时形成的初始凸壳的近似效果已比较好，在精度要求不高而时效要求苛刻的场合完全可以作为近似凸壳使用。

在算法的第二步，对每一个点依次判断是否在某条初始凸壳边的外侧。根据定理 2.4，点集 S 的子凸壳 $SCH(S)$ 的一个外点必然只在 $SCH(S)$ 的一条子凸壳边的外面。因此已知一个点在某条子凸壳边的外面，就可以结束该点对其余子凸壳边的判断，处理下一个点。如果一个点不在任何一条子凸壳边的外面，则为内点。这一步的算法只需要 $O(N-r)$ 次比较操作，每一次比较可在不高于线性的时间内完成（其中 N 为平面点集 S 的基数，r 为初始凸壳的顶点数）。

在算法的第三步，由于大多数（在圆形区域均匀分布的情况下 90% 以上）的点都被判定为内点，使得外点的数量大大减少（一般不到 10%）。可以证明：8 个 1/8 弦与相应圆弧所围成的区域的面积 + 16 个 1/16 弦与相应圆弧所围成的区域的面积 + …… <1/2 圆面积。因此，如果点集在圆形区域均匀分布，该步时间复杂度为 $O\left(\dfrac{N}{2}\right)$。

另外，在算法中计算点到直线距离的目的只是为了找到最远点。因此，算法中去掉了一些不必要的乘法运算，这也在一定程度上减少了计算开销。

正是由于上述原因，使得该算法具有非常高的效率。在一般情况下，该算法的期望时间复杂度略低于 $O(N)$。这从后面的实验结果中也可以得到证实。

2.5.3.2　实验验证

为了验证本书算法的正确性和有效性，在 Jbuilder 9 中完成了实验。如图 2.11 所示为本算法对一测试点集 **S** 计算出的初始凸壳（里面的多边形）和凸壳（外面的多边形）。从图 2.11 可

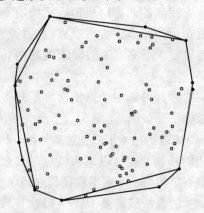

图 2.11　计算出的初始凸壳和凸壳

以看出，对于该测试数据集，计算出的初始凸壳和凸壳已经比较接近。

通过对圆形区域内随机分布的最多 50 万个点的多个点集的多次执行效率测试，同时也用同样的数据集对 QuickHull 算法进行了实验，得到了相同的计算结果。具体实验数据见表 2.1。

表 2.1　本算法和 QuickHull 算法效率比较

点数/万	1	10	20	30	40	50
QuickHull 算法	18	281	717	1041	1709	2164
本算法	23	252	553	744	1161	1415

表 2.1 中点数与平均运行时间的折线如图 2.12 所示。

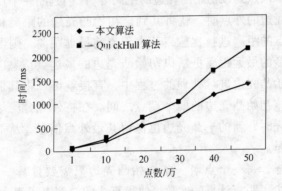

图 2.12　和 QuickHull 算法效率比较

从实验结果可以看出，本书提出的"八方向极值快速凸壳算法"的点数和平均执行时间之间基本上呈现一个线性的关系。在点数大于 10 万以上时，该算法明显快于 QuickHull 算法。

设计并实现了一种快速的平面点集凸壳算法——八方向极值快速凸壳算法，并在 Java 语言环境下进行了大量的实验，实验结果表明该算法的性能非常好，达到了理想的效果。

虽然该算法是针对二维平面点集设计与实现的，但是它可以容易地推广到三维乃至高维空间。

2.5.4　快速凸壳算法的进一步优化

通过对快速凸壳算法的进一步研究发现，在第三步对除初始凸壳点以外的点进行扫描以判断其是否为外点时，需要计算每一个点到各初始凸壳边的有向距离。在对每一条初始凸壳边进行处理的过程中，计算该初始凸壳边的最远点时也要计算其每一个外点到该初始凸壳边的距离。如果能将这样的距离计算次数减少，必然会提高算法的效率。

为此，对相应的数据结构做了相应的调整，使每一条初始凸壳边能保留外点中最远外点的信息（包括最远点的 ID 号、坐标信息、该点到该初始凸壳边的距离等）。当判断一个点是一条初始凸壳边的外点时，就将其到该初始凸壳边的距离和该边当前最远点的距离进行比较，若大于当前最远距离，则用该点的信息和新的最远距离更新该初始凸壳边的最远点信息。在对每一条初始凸壳边进行处理的过程中，直接就可以将其最远外点插入到该初始凸壳边的两个端点之间。在将外点分配给两条新的子凸壳时，新的子凸壳边也保留其最外点信息，从而减少计算工作量。

这样，每一个点对一条初始凸壳边只需要计算一次距离，大大减少了距离计算的次数，使得算法的效率有了很大的提高。快速凸壳算法优化前后效率比较见表 2.2，表 2.2 中的数据充分说明了这个问题。

表 2.2　快速凸壳算法优化前后效率比较

点集规模/万	5	10	20	30	40	50	100
优化前/ms	123	252	553	744	1161	1415	2933
优化后/ms	44	92	180	277	355	441	919

2.6 子凸壳的外直角三角定理

2.6.1 子凸壳的外直角三角定理

余翔宇在文献［110］中认为"由点间连线的凸凹性可知，若当前两点间存在漏检凸包顶点，该漏检点只可能存在于这两点所确定的外直角三角形内。"但这种情况并不都是正确的。如图 2.13 所示为漏检点不在外直角三角形中的情形。例如在图 2.13 中，很显然顶点 v 是一个漏检的凸壳点，但它并不在 AB 两点所确定的外直角三角形中。

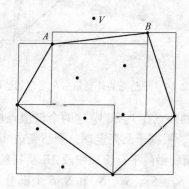

图 2.13 漏检点不在外直角三角形中的情形

那么在什么样的情况下，漏检点就会在外直角三角形中呢？研究发现，如果一个初始凸壳中包含东、西、南、北 4 个方向上的极值点，结论才是成立的。因此有：

定理 2.6 （子凸壳的外直角三角定理）若一子凸壳包含东、西、南、北 4 个方向上的极值点，则其每一条子凸壳边的外点必在该边所确定的外直角三角形中。

证明：利用几何对称性，只需证明东、西、南、北之中任意两个相邻的极值点间的任一子凸壳边的情形即可。这里证明子凸壳边在东、北两个极值点之间的情形。

设 AB 是一条位于北极值点 V_a 和东极值点 V_b 之间的一条子

凸壳边。首先过 A 点、B 点、北极值点 V_a 和东极值点 V_b 分别做平行于 x 轴和 y 轴的直线，然后再做线段 AB 的延长线（如图 2.14 所示）。

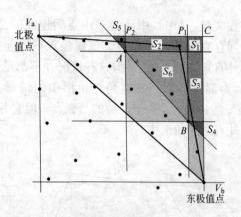

图 2.14　子凸壳的外直角三角定理的证明

很显然 AB 的外点在 V_a 和 V_b 这两个极值点所确定的外直角三角形中。另外，根据子凸壳定理，子凸壳边 AB 的外点只能在 AB 之外，而上面所做的平行线和线段 AB 及其延长线将 AB 外的区域划分成 S_1、S_2、S_3、S_4、S_5 和 S_6 6 个部分。用反证法，只要证明子凸壳边 AB 的外点不在区域 S_1、S_2、S_3、S_4 和 S_5 中即可。依几何对称性，仅需证明子凸壳边 AB 的外点不在 S_1、S_2 和 S_5 中。

2.6.1.1　证明不在 S_1 中

设在 S_1 中存在一个子凸壳边 AB 的外点 P，线段 PV_a、PV_b 和 V_aV_b 构成一个三角形。为了描述的方便用 $P.x$ 表示 P 的 x 坐标，用 $P.y$ 表示 P 的 y 坐标。由于 $A.x \le P.x$ 且 $A.y \le P.y$，因此 A 点必然在 P 点的左下侧并在 V_aV_b 之上，故 A 点必在三角形 PV_aV_b 之内，同理 B 点也必在三角形 PV_aV_b 之内，而这和 A、B 为凸壳点相矛盾，因此外点不可能在 S_1 中。

2.6.1.2 证明不在 S_2 中

设在 S_2 中存在一个外点 P_1，线段 P_1V_a、P_1V_b 和 V_aV_b 构成一个三角形。由于 $A.x \leqslant P_1.x$ 且 $A.y \leqslant P_1.y$，因此 A 点必然在 P_1 点的左下侧并在 V_aV_b 之上，故 A 点必在三角形 $P_1V_aV_b$ 之内，而这和 A 点为凸壳点相矛盾，因此外点不可能在 S_2 中。

2.6.1.3 证明不在 S_5 中

设在 S_5 中存在一个外点 P_2，线段 P_2B、BV_a 和 P_2V_a 构成一个三角形。显然 A 点不在 BP_2 之上，也不在 V_aP_2 之上。因此 A 点必在三角形 PBV_a 之内，而这和 A 为凸壳点相矛盾，因此外点不可能在 S_5 中。

因此，边 AB 的外点不在区域 S_1、S_2、S_3、S_4 和 S_5 中，结论得证。

判断一个点是否在一条子凸壳边的外直角三角形中并不是非常容易，因为这需要计算三角形的定向面积，涉及到较多的乘法运算。而判断一个点是否在一个矩形区域之内却非常容易，只需进行四次比较即可。因此，可以判断一个点是否在一条子凸壳边所确定的矩形区域内从而快速地过滤掉一部分明显不是该子凸壳边外点的点，加速内点的排除过程，从而加速算法的效率。

余翔宇在文献 [110] 中也使用了这种矩形区域过滤方法，由于其初始凸壳是由 8 个方向上的极值点所构成的，正好包含了东、西、南、北 4 个方向上的极值点，因此应用效果也是正确的。

2.6.2 改进后的快速凸壳算法

算法名称：使用矩形区域过滤技术后的快速凸壳算法。

输入：平面点集 S。

输出：平面点集 S 的凸壳 $CH(S)$。

算法步骤：

（1）扫描点集 S 中的所有点，求出 8 个方向上的极值点。按照如图 2.10 所示顺序排列 8 个极值点，并去除相邻的重复点（最后一个点和第一个点相邻），构成点集 S 的初始凸壳。

（2）扫描点集 S 中除极值点外的所有剩余点。首先判断该点是否在某一条子凸壳边所确定的矩形区域内，如果在，再判断是否在该子凸壳边的外面，若是外点则将该点加入到该子凸壳边的外点集合中，更新该子凸壳边的最外侧点的信息，并结束该点对其余的子凸壳边的判断；如果不在，则判断下一条子凸壳边。

若该点不是任何一条子凸壳边的外点，则该点为内点，不做任何处理。

（3）对每一条初始凸壳边做如下处理：

1）如果该边没有外点则不做任何处理；

2）如果该边有一个外点，则将该外点直接插入到该初始凸壳边的中间，形成新的初始凸壳，并跳过对这两条新边的处理。

3）如果该边有两个以上的外点，则将其最远的外点插入到该初始凸壳边的中间，形成新的初始凸壳。并将该边的外点分配给新形成的两条初始凸壳边，同时确定新的初始凸壳边的最远外点。

（4）此时的初始凸壳就是点集 S 的凸壳 $CH(S)$，输出计算结果，算法结束。

2.6.3 实验结果

该算法的改进主要在第（2）步。在扫描点集中的每一个点并进行判断时，首先使用矩形区域过滤进行初判，以去掉明显不是子凸壳边外点的点。在将一条初始凸壳边的外点分配给新形成的两条子凸壳边时，也可以采用矩形区域过滤技术。但是实际测试发现效果并不明显。因此，只在算法的第（2）步使用矩形区域过滤技术。

通过对随机生成的在圆形区域内随机分布的 7 个点集（规模从 5 万～10 万不等）对改进前后的算法进行了测试，结果见表 2.3。

表 2.3　使用矩形区域过滤技术前后效率比较

点数/万	5	10	20	30	40	50	100
使用前/ms	44	92	180	276	355	441	919
使用后/ms	36	72	142	205	273	342	693

从实验结果可以看出，使用矩形区域过滤技术对算法的效率有明显的改善。

凸壳问题是计算几何的一个基本问题，人们一直致力于寻求更快速的算法。本书揭示了平面点集凸壳的一个性质，即若一子凸壳包含东、西、南、北 4 个方向上的极值点，则其一条子凸壳边的外点必在该边所确定的外直角三角形中。并对其进行了严格的数学证明。在此基础上，利用该性质对作者提出的快速凸壳算法进行了改进，达到了良好的加速效果。另外，矩形区域过滤技术可以推广到三维空间中。

2.7　平面点集凸壳的两种近似算法

2.7.1　现有的近似凸壳算法

凸壳的近似算法是以降低计算精度为代价而提高算法效率的一种算法。在实际应用中，因平面点集中点的位置测量上存在误差，即输入的数据是近似的，故设计近似凸壳算法具有一定的实际意义。

2.7.1.1　基于抽样的近似算法

这种近似凸壳算法基于统计学中的抽样原理设计出来的。其基本方法是从点集 S 中随机抽取某个子集 S_1，然后求 S_1 的凸壳 $CH(S_1)$，并将其作为点集 S 的凸壳 $CH(S)$ 的近似。这种近似算法不容易保证所计算出的凸壳的近似程度。

2.7.1.2 基于条形分割的近似算法

Bentley，Faust 和 Preparata 于 1982 年提出了一种近似凸壳算法——BFP 算法[138]。该算法的基本方法是：将平面点集 S 沿横向分割成若干纵向的窄长条，计算每个窄长条的 y 最大值点和 y 最小值点，将这些极值点和 x 坐标正反两方向上的极值点组成一个子集 S_1，求子集 S_1 的凸壳 $CH(S_1)$，并将其作为整个点集 S 的凸壳 $CH(S)$ 的近似。基于条形分割的近似算法如图 2.15所示。

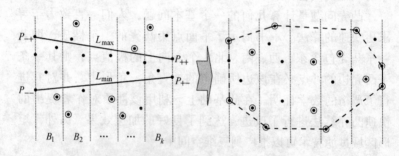

图 2.15　基于条形分割的近似算法

该算法描述如下：

Step 1：求 S 中 x 坐标值最大、最小的点，设为 $P_{x\max}$ 与 $P_{x\min}$

Step 2：$l = (P_{x\max} - P_{x\min})/k$，$k$ 为正整数，划分 S 所在的域为 k 个长条 $\{S_1, S_2, \cdots, S_k\}$

Step 3：计算 S_i 中点的 y 坐标最大、最小值所对应的点，记为 $p_{y\max}^i$ 和 $p_{y\min}^i$

Step 4：令 $S^* = \{P_{x\max}, P_{x\min}\} \cup_{i=1}^{k} \{p_{y\max}^i, p_{y\min}^i\}$

Step 5：　计算 S^* 的凸壳 $CH(S^*)$，以之作为 S 的近似凸壳

算法中 k 值越大，分割的条数越多，所计算出来的近似凸壳的精确度越高。

这种算法需要遍历三次数据集。第一次遍历求 S 中 x 坐标值最大、最小的点；第二次遍历对数据集进行纵向分割；第三次遍历求出各个条形区域中的 y 最大值点和 y 最小值点。算法的最后还运用其他的凸壳算法方能求出 S 的近似凸壳。算法的整体效率不是太高。

2.7.1.3　基于半空间求交的近似算法

该近似凸壳算法(BCH)首先由 J. T. Klosowski 等人提出[111]，后来由 Ladislav Kavan 进行了改进[112]。

该方法是将整个平面划分成 k 个以原点为中心的区域，每个区域占 $\dfrac{2\pi}{k}$ 的角度，即

$$S_i = \{x \in R^2 : atan\alpha(x) \in (\alpha i, \alpha(i+1))\}$$

其中，$i = 0, 1, 2, \cdots, k-1$。每一个区域的中心线的法向量为

$$n_i = (\cos(\alpha i + \alpha/2), \sin(\alpha i + \alpha/2))$$

每个区域所对应的半空间为：

$$H_i = \{x \in R^2 : (n_i, x) \leq \alpha_i\}$$

其中，$\qquad\qquad \alpha_i = \max_{x \in A} \langle n_i, x \rangle$

平面点集 A 的近似凸壳就为：

$$ACH_k(A) = \bigcap_{i=0,\cdots,k-1} H_i$$

由此可见，该算法也涉及到大量的三角或反三角运算。

2.7.2　凸壳的近似度度量

为了衡量近似算法计算出的凸壳的近似程度，现在给出本书所使用的凸壳近似度的度量方法。

凸壳的近似度用来衡量计算出来的点集的近似凸壳和实际凸壳的接近程度。这也是衡量凸壳的近似算法计算效果的一个重要指标。

$$凸壳的近似度 = \frac{近似凸壳多边形的面积}{凸壳多边形的面积}$$

这个指标是一个正指标,其取值范围为 $[0,1]$。即其值越大就说明近似凸壳越接近于凸壳。当凸壳的近似度值为 1 时,近似凸壳就是凸壳。

2.7.3 点集坐标旋转法

作者提出的点集坐标旋转法(Point Set Coordinate Rotating,PSCR)是利用一个 SQL 语句对平面点集数据库表进行查询,每一次查询就从点集数据中获得一个凸壳点,经过若干次对数据库的查询就得到一个初始凸壳,去除重复凸壳点后,便得到平面点集的近似凸壳。它充分利用了成熟的数据库技术,能够在比较短的时间内计算出海量平面点集的近似凸壳,而且近似程度较高,取得了比较理想的近似效果。

2.7.3.1 算法的基本思想

该算法的基本思想主要有两点:直线逼近和坐标旋转。

A 直线逼近

如果用一条直线从无限远处向点集逼近,该直线首先接触到的点必然是该点集的一个凸壳点。如图 2.16 所示,当直线 A

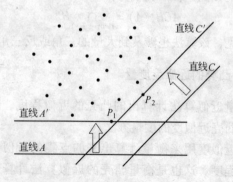

图 2.16 算法的基本思想

移动到 A' 位置时首先遇到的点 P_1 就是点集 S 的一个凸壳点；当直线 C 移动到 C' 位置时首先接触到的点 P_2 也是点集 S 的凸壳点。

B 坐标旋转

可以构造一条假想的直线从不同的角度逼近点集 S 来求得 S 的大部分（或所有）的凸壳点，但是这样做使得算法的复杂度大为增加。

本书采用了另外一种方法，即将点集中的所有点旋转一个角度，求其 x 坐标（或 y 坐标）最小的一个点作为点集 S 的一个凸壳点，然后将旋转角度再增加一个步长再做坐标旋转，求得的 x 坐标（或 y 坐标）最小的一点作为点集 S 的下一个凸壳点。如此循环下去，直到旋转 360° 就求出点集 S 的全部（或部分）凸壳点为止。

平面直角坐标系中的坐标旋转公式为：

$$\begin{cases} x' = x \cdot \cos\theta + y \cdot \sin\theta \\ y' = x \cdot \sin\theta + y \cdot \cos\theta \end{cases}$$

对点集中的所有点的坐标进行旋转变换，然后再求 x（y）坐标的最小值，这是该算法的最大特点，因此本书将这种近似凸壳算法称为点集坐标旋转法。

2.7.3.2 算法设计与实现

A 算法的主要步骤

计算平面点集近似凸壳的主要步骤如下：

算法名称：点集坐标旋转法

输入：坐标旋转的步长（step）；

平面点集表 points。

输出：平面点集 points 的近似凸壳 ConvexHull 表。

算法步骤：

Step 1：设置一个计数 count = 0 来标记算法执行的步数；初

始化旋转角度 $\theta = 0$；

Step 2：count + +；$\theta = \theta +$ step；

Step 3：将点集中的所有点旋转 $\theta°$，并求旋转后的点集中 x 坐标值最小的点 P；并将 count，点 P 的标识 ID，点 P 的 x 坐标和 y 坐标写入数据表 ConvexHull 中；

Step 4：如果 $\theta < 360°$ 则转第 2 步，否则执行下一步；

Step 5：将 ConvexHull 表按 count 建立索引，去除其中相邻的重复点得到近似凸壳点集；

Step 6：显示输出计算的近似凸壳。

其中，输入参数 step（步长）决定近似计算的精度，步长越小精度越高，反之亦然。

B　算法实现

为了验证该算法的正确性，在 Jbuilder 9 下进行了实验。点集坐标旋转法的计算结果的可视化显示如图 2.17 所示。

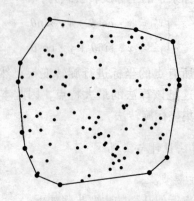

图 2.17　本算法计算的近似凸壳(step = 10°)

在图 2.17 中蓝色线条是实际的凸壳，红色线条是点集坐标旋转法的计算结果（旋转步长 step = 10°）。此时，近似凸壳的近似度为 0.998，已经达到了较高的近似效果。

从计算结果可以看出，该算法计算出的近似凸壳和实际凸壳非常接近，证实了该算法的有效性，也说明该算法所求得凸壳的近似效果非常好。

对于实验中所采用的试验数据集来说，当坐标旋转的步长 step < 10°时，所计算出的近似凸壳和凸壳完全相同。也就是说，算法只循环了 36 次就得到了点集的真正凸壳而非近似凸壳。

当然，要取得更好的近似效果，用户可以增加循环的次数，也就是说缩小步长。但缩小步长，必然会增加计算代价。

2.7.3.3 算法的特点与效率分析

A 算法的特点

点集坐标旋转法仅使用了一个 SQL 语句就实现了点集坐标的旋转变换，并求出变换后点集中 x 坐标值最小的点。具体的 SQL 语句如下：

SELECT TOP1 id,

x * cos ((- 1) * i * 2 * PI/360) + y * sin ((- 1) * i * 2 * PI/360) **AS** x1,

x * sin ((- 1) * i * 2 * PI/360) + y * cos ((- 1) * i * 2 * PI/360) **AS** y1

FROM points

ORDER BY x * cos((- 1) * i * 2 * PI/360) + y * sin((- 1) * i * 2 * PI/360);

其中 i 为旋转的角度；PI 为圆周率。

该算法将平面点集 S 作为一个整体，利用 SQL 查询获得平面点集 S 的大部分（全部）凸壳点。

该算法求解出的凸壳点是按照其在凸壳多边形中出现的先后顺序依次求解出来的。因此，不需要再去由一个个的凸壳点来构造凸壳多边形。

该算法可以让用户有更多的选择余地。例如，在一些实际应用中，可以根据响应时间的限制，设置合适的点集坐标旋转步长，从而在响应时间和计算精度之间取得一个适中。

该算法的另外一个特点就是不需要空间索引的支持。利用点集坐标旋转法计算近似凸壳时，只是将点集中所有点的坐标进行旋转变换，然后求 $x(y)$ 坐标最小的点，不需要空间索引来查找需要的点，完全利用了成熟的数据库技术，因此该算法的适用范围就更大。其效率较大程度地依赖于数据库查询语句的执行效率。

B 算法的效率分析

点集坐标旋转法执行效率的高低主要取决于两个因素：旋转的步长和一次点集坐标旋转运算所需要的时间。旋转的步长决定了循环执行的次数；旋转运算所需时间主要取决于数据库查询的效率和点集的规模。

为了验证该算法的执行效率，在旋转步长为 5 时进行了性能测试，结果见表 2.4。

表 2.4 点集坐标旋转法性能测试结果

点集规模	计算时间/ms			
	1	2	3	平 均
100	1302	1283	1352	1312. 33
1000	1773	1813	1803	1796. 33
10000	7771	7831	7571	7724. 33

由性能测试的结果可以看出：平均计算时间的开销并不随着点集规模的增大而线性增长，而是比点集规模的增加速度慢得多。因此，对于大规模的数据集更能显示出该算法的优越性。

因为该算法在进行点集的坐标旋转计算时要访问数据库，读取磁盘上的数据，因此计算速度不可能很快。如果内存容量允许，使用内存表技术，可以使该算法具有更高的执行效率。

为了验证这种计算海量平面点集凸壳的快速近似算法——点集坐标旋转法，在 Jbuilder 9 环境下进行了实验，实验证明该算法是正确性。它充分利用了比较成熟的数据库技术，能够在比较短的时间内计算出海量平面点集的近似凸壳，而且近似程度比较高，获得了比较理想的近似效果。

2.7.4 多方向极值算法

用点集坐标旋转法计算平面点集的近似凸壳时，每一次求 x （y）坐标最小值点时需要将点集中所有点进行坐标旋转变换。而每一次坐标旋转变换都需要对整个平面点集进行计算代价较高的三角运算，从而使得整个算法的执行效率得到很大的限制。

本书提出另一种近似凸壳算法——多方向极值算法（Multiple Direction Extreme Value Algorithm,MDEV）。该算法由于去除了计算代价较高的三角运算，计算效率比 PSCR 更高。

MDEV 算法，也是基于极值点的，通过计算极值点来求取近似凸壳。某个方向上的极值点使 $ax+by$（其中 $a,b \in [0,1]$）最大或最小。在每一个方向上有一个极大值点和一个极小值点，因此在计算某个方向上的极值点时表达式的值只需计算一次，分别将表达式的值与该方向上当前的极值进行比较，并更新该方向上的极大值和极小值点相关信息。

2.7.4.1 算法的基本思想

设 S 为一个平面点集，S 的基数 $\text{card}(S) = N$。S 的凸壳表示为 $CH(S)$，近似凸壳表示为 $ACH(S)$。

定义 2.8 在平面直角坐标系中，对于一个特定的方向，若存在一个表达式，代入整个平面点集中点的坐标值后，使表达式取得最大值的点是该方向上的最远点，而使表达式取得最小值的点是其反方向上的最远点，则称该表达式为该方向上的一个极值表达式。使得极值表达式值最大的点称为极大值点，相反使极值表达式值最小的点称为极小值点。极大值点和极小值点统称为极值点。例如，x 就是 x 轴正向上的极值表达式，而 $(x+y)$ 就是第一象限 45°角方向上的极值表达式。一个方向上的极值表达式可以有多个。

很显然，任何一个方向上的极值点都是凸壳点。另外，对于一个极值表达式，只需计算一次表达式的值，就可以对正反方向上的两个极值点进行判定。

由于任一方向上的极值点都必然是凸壳点，因此，如果能以较高的效率计算出分布于平面上一组方向上的极值点，由这些点就可以构成一个子凸壳。如果这组方向足够细密和均匀，则计算出来的子凸壳就能足够接近平面点集的凸壳。该近似凸壳算法就是基于这样的思想设计的。

如何寻找这组极值表达式成为问题的关键。极值表达式要尽可能简单，从而可使计算代价小，效率高。另外，极值表达式要尽可能规范，形式上尽可能统一，这样就可使设计出来的算法比较简单。

在平面直角坐标系中，一般用 x 轴和 y 轴将整个平面划分成 4 个象限。在四象限划分中，加入 $y = x$ 和 $y = -x$ 两条直线，就将整个平面划分成 8 个象限。从 x 轴沿逆时针方向分别为第 I 象限、第 II 象限、…、第 VIII 象限。每个象限跨越 45° 角的范围。

在平面直角坐标系中一个点 $Q(a, b)$，O 为坐标原点，如图 2.18 所示，求向量 OQ 方向上的极值表达式。这里只讨论点 Q 落在第 I 象限时的情形，其余 7 个象限中极值表达式的推导和第一象限类似。

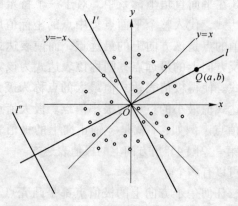

图 2.18　极值表达式的推导

设点 $Q(a,b)$ 在 8 个象限中的第一象限且不在该象限的边界上，则有 $a > b > 0$ 成立。

直线 OQ 的方程为 l：$y = \dfrac{b}{a}x$。垂直于直线 OQ，过坐标原点的直线的方程为 l'：$y = -\dfrac{a}{b}x$。将直线 l' 向下平移到无限远处得 l''。则 l'' 的方程为：$y = -\dfrac{a}{b}x - w$，其中 w 是一个无限大的常数，且 $w > 0$。

根据点 $P(x_0, y_0)$ 到直线 $y = kx + b$ 的距离公式：

$$\text{dist} = \frac{\mid b - y_0 + kx_0 \mid}{\sqrt{k^2 + 1}} \tag{2-1}$$

得平面点集 S 中任意一点 $P(x_0, y_0)$ 到直线 $y = -\dfrac{a}{b}x - w$ 的距离为：

$$\text{dist} = \frac{\left| -w - y_0 + \left(-\dfrac{a}{b} \right)x_0 \right|}{\sqrt{\left(-\dfrac{a}{b} \right)^2 + 1}}$$

$$\text{dist} = \frac{\left| w + y_0 + \dfrac{a}{b}x_0 \right|}{\sqrt{\left(-\dfrac{a}{b} \right)^2 + 1}} \tag{2-2}$$

在式 (2-2) 中，由于分母为常数，因此要使 dist 最大，就要使其分子最大。而 w 是一个无限大的常数且 $w > 0$，因此，只要使 $\left(y_0 + \dfrac{a}{b}x_0 \right)$ 为最大即可。由于 $a > b > 0$，也就等价于使 $\dfrac{a}{b}\left(x_0 + \dfrac{b}{a}y_0 \right)$ 为最大，即使 $x_0 + \dfrac{b}{a}y_0$ 为最大。引入一个系数 k，$k \in (0,1)$，就得到方向 OQ 上的极值点表达式：$x + ky$。

也就是说，使 $x+ky$ 最大的点就是距离直线 l'' 最远的点，就是方向 OQ 上的极大值点；相反，使得 $x+ky$ 最小的点就是距离直线 l'' 最近的点，就是方向 OQ 上的极小值点。

至此，8 个象限中第一象限方向上的极值表达式已经推导出来了。将各个象限方向上的极值表达式和 8 个特定方向（东、西、南、北、东南、西南、东北、西北）上的极值表达式绘制到一个图上，就形成各个方向上的极值表达式如图 2.19 所示，其中 $k \in (0,1)$：

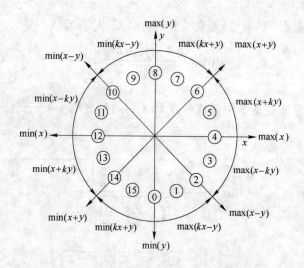

图 2.19　各个方向上的极值表达式

在图 2.19 中，用深颜色的序号表示 8 个方向，用浅颜色的序号表示一个方向域，如序号 5 就表示八象限中的第一个象限中的各个方向。其中的弧箭线表示 k 的值由小到大变化时，该方向域中与 k 相对应的极值方向的变化方向。如在方向域 5 中，其方向极值表达式为 $\max(x+ky)$，该方向上的极值点就是使 $(x+ky)$ 为最大的点；k 从 0 到 1 变化时，极值方向从 0°向 45°变化；当 $k=1$ 时，所在方向的极值表达式就变为 $\max(x+y)$。由此可见，8 个方向上的极值表达式只是一种特殊情况。

东、西、南、北、东南、西南、东北、西北这 8 个方向上的极值点所构成的初始凸壳，就是平面点集凸壳的一个粗略近似。如果在相邻的两个方向之间分别插入若干个方向，求取这些方向上的极值点，就可以得到平面点集凸壳更精确的近似。

2.7.4.2 面向对象的数据结构

如图 2.20 所示为该算法中所采用的面向对象的数据结构。

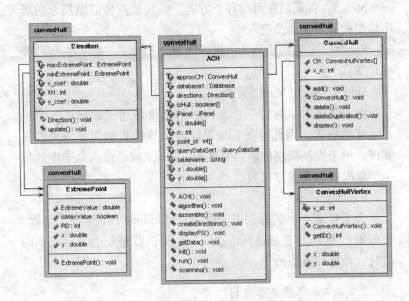

图 2.20 本算法所采用的面向对象数据模型

2.7.4.3 算法设计与实现

A 算法设计

根据上述的基本思想和数据结构，设计了下面的算法：

算法名称：多方向极值快速近似凸壳算法（MDEVACH）；

输入：平面点集 S；用于控制精度的非负整数 n；

输出：平面点集 S 的近似凸壳 $ACH(S)$。

算法步骤：

Step 1：根据用户输入的近似凸壳精度控制参数，生成相应的方向（Direction）对象数组。方向对象数组中的每一个方向对象用来描述该方向上的极值信息，包括极值表达式、极大值点和极小值点的相关信息。

Step 2：对整个平面点集 S 中的点进行扫描。即用每一个点的信息分别对每一个方向上的极值点进行更新。

Step 3：将最后获得的各个方向上的极值点按照图所示的顺序装配成一个初始凸壳。

Step 4：去除初始凸壳中相邻的重复凸壳点，得到近似凸壳 $ACH(S)$。

Step 5：输出 $ACH(S)$。

由于该算法中对每一个方向上的极值表达式给出了一个统一规范的格式，因此，在算法设计时使算法更加简单、更容易实现。用于控制精度的非负整数 n，实际上就是在八象限中的每一个象限中插入的方向数。

B　算法实现

为了验证本书的思想与算法，在 JBuilder 9 下完成了实验。如图 2.21 所示，就是该算法在同一个测试数据集上当 n 取不同值时，计算的近似凸壳。

2.7.4.4　算法效率分析

在该算法中，主要的操作就是根据每一个点的信息来更新一个方向上的极值点。这一操作所用的时间是个常量，因此该算法的时间复杂度为 $O(dN)$，其中 N 为平面点集中点的数量，d 为求取极值点的方向数（正反两个方向为一个方向），方向数和输入参数 n 的关系为：$d=(8+8n)/2$。因此，在近似精度（n 或 d）不变的情况下，该算法的时间复杂性是线性的。

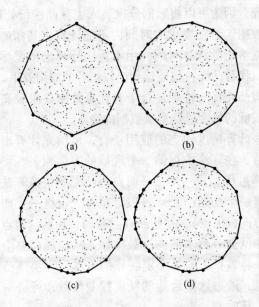

图 2.21　近似凸壳算法实验结果

(a)—$n=0$, $d=8$；(b)—$n=1$, $d=16$；
(c)—$n=2$, $d=24$；(d)—$n=3$, $d=32$

表 2.5 是对一个在圆形区域内随机分布的有 100 万个点的测试数据集，当 n 取不同值时算法的执行时间。

表 2.5　MDEVACH 算法执行效率实验结果

n	0	1	2	3	4	5	6	7	8
d	8	16	24	32	40	48	56	64	72
时间/ms	210	395	576	736	926	1126	1297	1481	1657

　　该算法只对整个平面点集中的点进行一次扫描，这些点的信息仅使用一次，所以不必将整个数据集存储在计算机的主存储器中。在主存中只保存一组方向及相关极值点的信息、计算出的近似凸壳以及一些内存变量，因此，该算法的空间复杂度也比较低。正因为此，使得该算法特别适合计算海量平面点集

的近似凸壳，因为可以将数据分批装入主存储进行处理。另外，对于海量数据，若在要求的时间内不能计算出其精确凸壳，这时可以根据给出的计算时间，用本算法计算出精度尽可能高的近似凸壳以代替凸壳，也能达到比较满意的应用效果。

该近似凸壳算法特别适合于对计算效率要求较高而对计算精度要求较低的场合以及海量数据的情形。

在一些计算精度固定的应用场合，可预先计算出各个方向的相关参数，在算法中存储一个现成的方向列表，可加速近似凸壳的计算过程。另外，在平面点集凸壳的快速算法中，首先要快速获得一个初始凸壳（一般都是首先求得一个四方向极值点或者八方向极值点），初始凸壳越精确，在后续对点集进行扫描的过程中就会有更多的内点被排除，从而提高整个算法的效率。因此，将该算法的某个定制好的版本作为快速凸壳算法的第一个步骤，通过选择合适的精度控制参数，可进一步提高快速凸壳的计算效率。

本章在介绍已有的凸壳算法的基础上，详细论述了作者提出的平面点集合的四种算法，分别是城墙快速搜索算法、平面点集凸壳的高效算法和两种近似算法（即点集坐标旋转算法和多方向极值算法）。这几个算法为平面点集问题的解决给出了比较完整的解决方案。对于一般的场合，可以直接应用平面点集的高效算法；对于海量数据的情形，可以先运用城墙快速搜索算法得到对计算平面点集凸壳有用的一小部分点，然后再应用平面点集凸壳的高效算法计算出整个点集的凸壳；对于计算时间要求比较苛刻而计算精度要求不高的场合，可以使用快速近似算法，以在计算精度和计算时间之间取得一个折中。

3 平面点集的 Delaunay
三角剖分与 Voronoi 图

3.1 平面点集三角剖分简介

平面上给定 n 个点 p_1，p_2，…，p_n，所谓平面点集三角剖分是指用互不相交的直线段连接 p_i 与 p_j，$(i, j \leqslant n, i \neq j)$，并使该平面点集凸壳内的每一个区域成为一个三角形。因此，也将平面点集的三角剖分称为不规则三角网（Triangulated Irregular Network，TIN）。

三角网被视为最基本的一种网络，它既可适应规则分布数据，也可适应不规则分布数据。在 GIS 领域，有两种模型可以用来表现地形：三角网模型和格网模型。三角网在地形表现方面有其独特的优势，它能够以不同的分辨率来描述地形表面。与格网模型相比较，三角网模型在某一特定分辨率下能用更少的空间和时间更精确的表示更加复杂的地形表面。

3.2 平面点集三角剖分的已有算法

三角网构建方法大致分为逐点插入法、三角网生长法和分而治之法三类，在这三类算法中，三角网生长算法目前较少采用，较多的是分而治之算法和逐点插入法，但这两类算法又各有其优点与不足。逐点插入法虽然实现较简单，占用内存较小，但它的时间复杂度差，运行速度慢。分而治之算法时间复杂度最好，但它深度递归，占用大量内存。目前很多学者都在研究介于逐点插入法和分而治之法之间的混合算法，使其既可以提高运算速度，又可以占用尽量少的内存空间。

3.2.1 逐点插入法

逐点插入算法的基本步骤是：定义一个包含所有数据点的

初始多边形；在初始多边形中建立初始三角网，然后迭代以下步骤，直至所有数据点都被处理；插入一个数据点 P，在三角网中找出包含 P 的三角形 T，把 P 与 T 的 3 个顶点相连，生成 3 个新的三角形。从上述步骤可以看出，逐点插入算法的思路非常简单，先在包含所有数据点的一个多边形中建立初始三角网，然后将余下的点逐一插入。各种实现方法的差别在于其初始多边形的不同以及建立初始三角网的方法不同。

3.2.2　三角网生长法

三角网生长算法的基本步骤是：以任一点为起始点；找出与起始点最近的数据点相互连接形成三角形的一条边作为基线，找出与基线构成三角形的第三点；基线的两个端点与第三点相连，成为新的基线；迭代以上两步直至所有基线都被处理。

3.2.3　分治方法

1995 年，Shamos 和 Hoey 提出了分而治之算法思想[113]，并给出了一个生成 Voronoi 图的分治算法。给出了一个"问题简化"算法，递归地分割点集，直至子集中只包含 3 个点而形成三角形，然后自下而上地逐级合并生成最终的三角网。以后 Lee 和 Schachter 又改进和完善了 Lewis 和 Robinson 的算法[114]。

Lee 和 Schachter 算法的基本步骤是：把点集 P 以横坐标为主，纵坐标为辅按升序排序，然后递归地执行以下步骤：把点集 P 分为近似相等的两个子集 P_L 和 P_R；在 P_L 和 P_R 中生成三角网；找出连接 P_L 和 P_R 中两个凸壳的底线和顶线；由底线至顶线合并 P_L 和 P_R 中两个三角网。

3.3　Delaunay 三角剖分

3.3.1　Delaunay 三角剖分简介

平面点集的 Delaunay 三角剖分是一种特殊的三角剖分，它的每个三角形的外接圆内均不包含其他任何顶点。Delaunay 剖分中的三角形由 3 个相邻点连接而成，与这 3 个相邻点相对应的 Voronoi 多边形有一个公共的顶点。

Delaunay 三角剖分具有下面一些优异特性：

（1）最小角最大化；即尽量使三角形有最佳的几何形状，或使每个三角形都接近等边三角形。

（2）保证最临近的点构成三角形，使三角形的边长之和最小。

（3）在没有四点共圆的情况下，它是唯一的。

（4）每一个三角形均包含一个空圆，因为每一个三角形都存在一个包含三角形 3 个顶点但不包含其他顶点的圆。

（5）与 Voronoi 图对偶，包含了最近邻图、MST 和加百利图（Gabriel Graph）等。

基于 Delaunay 三角剖分具有上述的优良特性，使得它得到了非常广泛的应用。例如，在各种三角网中，只有 Delaunay 三角网在地形拟合方面表现最为出色。Delaunay 三角网"最大最小角规则"，即任意三角形的外接圆不包括其他点，从而最大可能地避免了尖锐内角的出坡，在制图综合中可以利用该模型来进行目标间邻近关系搜索和冲突的探测。Delaunay 三角网在 DEM 构造和空间拓扑关系维持方面都有广泛的应用。

3.3.2　Delaunay 三角网构建方法

Delaunay 三角网的构建过程和标准三角网的构造过程相似，只是在构造标准三角网的过程中，加入了局部三角形形状最优化过程。1977 年，Lawson 提出了根据最大最小角度法则来建立局部几何形状最优的三角网：在由两相邻三角形构成的凸四边形中，交换此四边形的两对角线，不会增加这两个三角形 6 个内角总和的最小值。Lawson 据此提出了局部优化方法（Local Optimizatinn Procedure, LOP）：交换凸四边形的对角线，可获得等角性最好的三角网。

3.3.2.1 逐点插入法

Lawson 提出了用逐点插入法建立 Delaunay 三角网的算法思想[120]。Lee 和 schachter，BOWyer，Watson，Sloan，Macedonio 和 Pareschi，Floriani 和 Puppo，TSai 先后对其进行了发展和完善[121~123]。

逐点插入算法的基本步骤如下：

Step 1：定义一个包含所有数据点的初始多边形（往往为其最小外接矩形）；

Step 2：在初始多边形中建立初始三角网；

Step 3：插入一个数据点 P，在三角网中找出包含 P 的三角形 t，把 P 与 t 的 3 个顶点相连，生成 3 个新的三角形；

Step 4：用 LOP 算法优化三角网；

Step 5：重复 Step 1 ~ Step 4 直到所有的点都处理完毕；

Step 6：删除所有包含初始多边形顶点（非原始数据点）的三角形。

从上述步骤可以看出，逐点插入算法的思路非常简单，先在包含所有数据点的一个多边形中建立初始三角网，然后将余下的点逐一插入，用 LOP 算法确保其成为 Delaunay 三角网。各种实现方法的差别在于其初始多边形的不同以及建立初始三角网的方法不同。

3.3.2.2 三角网生长法

Green 和 Sibson 首次实现了一个生成 Dirichlet 多边形图的生长算法[124]。Brassel 和 Reif 稍后也发表了类似的算法[125]。Mc-Cullagh 和 Ross 通过把点集分块和排序改进了点搜索方法，减少了搜索时间[126]。Maus 也给出了一个非常相似的算法[127]。

三角网生长算法的基本步骤如下：

Step 1：以任一点为起始点，找出与起始点最近的数据点相互连接形成 Delaunay 三角形的一条边作为基线；

Step 2：按 Delaunay 三角网的判别法则（即两基本性质），找出与基线构成 Delaunay 三角形的第三点；

Step 3：基线的两个端点与第三点相连，成为新的基线；

Step 4：重复 Step 2～Step 3 直至所有基线都被处理。

上述过程表明，三角网生长算法的思路是，先找出点集中相距最短的两点连接成为一条 Delaunay 三角形边，然后按 Delaunay 三角网的判别法则找出包含此边的 Delaunay 三角形的另一端点，依次处理所有新生成的边，直至最终完成。各种不同的实现方法多在搜寻"第三点"上做文章。

3.3.2.3　分而治之法

Shamos 和 Hoey 提出了分而治之算法思想[127]，并给出了一个生成 Voronoi 图的分而治之算法。Lewis 和 Robinson 将分而治之算法思想应用于生成 Delaunay 三角网[120]。他们给出了一个"问题简化"算法，递归地分割点集，直至子集中只包含 3 个点而形成三角形，然后自下而上的逐级合并生成最终的三角网。以后 Lee 和 Schachter 又改进和完善了 Lewis 和 Robinson 的算法 LOP[128]。

分而治之算法的基本步骤如下：

Step 1：把点集 V 以横坐标为主，纵坐标为辅按升序排序；

Step 2：把点集 V 分为近似相等的两个子集 V_L 和 V_R；

Step 3：在 V_L 和 V_R 中生成三角网；

Step 4：用 Lawson 提出的局部优化算法 LOP 优化所生成的三角网，使之成为 Delaunay 三角网；

Step 5：找出连接 V_L 和 V_R 中两个凸壳的底线和顶线；

Step 6：由底线至顶线合并 V_L 和 V_R 中两个三角网；

Step 7：递归执行 Step 2～Step 6 直到点集中的所有点都参加了 Delaunay 三角网的构造。

以上步骤显示，分而治之算法的基本思路是使问题简化，把点集划分到足够小，使其易于生成三角网，然后把子集中的三角网合并生成最终的三角网，用 LOP 算法保证其成为 Delaunay 三角网。不同的实现方法可有不同的点集划分法、子三角网生成方法及合并方法。

3.3.3 约束 Delaunay 三角网

3.3.3.1 约束 Delaunay 三角网简介

在构造 Delaunay 三角网时，如果需要将一些约束线段（如不相交的断裂线）作为预先定义的限制条件作用于三角网，则必须用到带约束条件的 Delaunay 三角网。当约束线段加入到标准 Delaunay 三角网中时，该三角网就自然地扩展为约束 Delaunay 三角网。约束 Delaunay 三角网与标准 Delaunay 三角网的唯一区别在于前者考虑了预先给定的约束条件，而其他方面都相同。约束 Delaunay 三角网能够顾及到原始目标的几何特征，如使用它构建 DEM 时，插入 Delaunay 三角网，便可构造出高精度的 DEM；同时，它也可以保持目标的完整性，如基于居民地构造约束 Delaunay 三角网，可以使居民地的各边线都为三角网中的一个三角边。

3.3.3.2 约束 Delaunay 三角网的构建

约束 Delaunay 三角网的构造包括两大步骤：Delaunay 三角网的构造和约束边的插入。

这里，约束线段的顶点集合也要参加第一步的 Delaunay 三角网的构造，Delaunay 三角网的构造方法前面已经介绍了三种，下面主要介绍约束边的插入过程。

数据点的 Delaunay 三角网构造完毕后，便可执行约束线段的插入操作。当新的约束线段被插入时，和该约束线段相交的三角形组成的区域将被重新进行三角剖分，从而使其在局部范围内得到更新和加密。

约束线段插入步骤如下：

Step 1：对于约束线段 P_iP_j，在已经构造完毕的 Delaunay 三角网中搜索出与其相交的三角形集合 T；

Step 2：求出三角形集合 T 中三角形外围边组成的多边形 $Q = \{V_1, V_2, \cdots, V_n\}$；

Step 3：约束线段 P_iP_j 将多边形 Q 一分为二，形成 Q_1，Q_2 两个多边形；

Step 4：对 Q_1，Q_2 两个多边形分别按 Delaunay 三角形要求进行三角剖分；

Step 5：对 Q_1，Q_2 两个多边形的三角剖分部分分别进行 LOP（局部优化处理）优化；

Step 6：重复 Step 1 ~ Step 5，直到所有的约束线段都插入完毕。

3.3.4　一致性约束 Delaunay 三角网

3.3.4.1　一致性约束 Delaunay 三角网简介

约束 Delaunay 三角网从严格意义上来说，并不是真正的 Delaunay 三角网，因为它在构造过程中顾及了约束线段，从而可能使得某些三角形不符合 Delaunay 三角网的特性。在某些应用中，需要用到真正的 Delaunay 三角网，同时又需要保证约束条件参与三角网的构造，这就需要有一个解决方案来实现这一目标。一致性约束 Delaunay 三角网正好可以满足这种要求，它常常是由 PSLG（Planar Straight Line Graph）经过按照一定的规则经过三角化而来，它通过对约束三角网中不符合 Delaunay 三角形条件的三角形各边插入 steiner 点来对其进行加密，从而保证三角网中的每个三角形都是 Delaunay 三角形。一致性约束 Delaunay 三角网可以通过最小角角度、三角形面积等限制条件来构建。一致性约束 Delaunay 三角网在用于面状目标的中轴线提取，能获得更好的效果。

3.3.4.2 一致性约束 Delaunay 三角网的构建

一致性约束 Delaunay 三角网建立在约束 Delaunay 三角网的基础之上，它们的构建过程大致相同，只是一致性约束 Delaunay 三角网多了判断三角形是否是 Delaunay 三角形和 Steiner 点加密的过程。其创建过程如下：

Step 1：由给定点集构造 Delaunay 三角网；

Step 2：插入约束线段，调整 Delaunay 三角网；

Step 3：去除位于"洞"中的三角形；

Step 4：查找三角网中不满足 Delaunay 三角形条件（如最小角度、面积等）的三角形；

Step 5：对不符合条件的三角形插入 steiner 点，从而保证新产生的三角形都是 Delaunay 三角形；

Step 6：重复 Step 4 ~ Step 5 直到结果三角网中的三角形都是 Delaunay 三角形。

3.4 Voronoi 图

3.4.1 Voronoi 图简介

Voronoi 图是一种重要的几何结构，它在求解点集或者其他对象与距离有关的问题时有着重要的作用，如求解谁距离谁最近，谁距离谁最远等。早在 1850 年 Dirichlet 及 1908 年 Voronoi 就在其论文中讨论过 voronoi 图的概念[1]。

Voronoi 图在森林防火、通讯基站建设方面有着重要的作用。近年来，地图工作者又将其引入到 GIS 领域并得到了广泛的应用。

设 p_1，p_2 是平面上的两点，L 是线段 p_1p_2 的垂直平分线，L 将平面分成两部分，即 L_L 和 L_R，位于 L_L 内的点 p_1 具有特性：$d(p_i,p_1) < d(p_i,p_2)$，其中 $d(p_i,p_1)$ 表示 p_i 与 p_1 之间的欧几里德距离。这就意味着位于 L_L 内的点比平面上其他点更接近于点

p_1，即 L_L 内的点是比平面上其他点更接近于 p_1 的点的轨迹，记为 $V(p_1)$。如果用 $H(p_1, p_2)$ 表示半平面 L_L，而 $L_R = H(p_2, p_1)$，则有 $V(p_1) = H(p_1, p_2)$，$V(p_2) = H(p_2, p_1)$。

给定平面上 n 个点的集合 S，$S = \{p_1, p_2, \cdots, p_n\}$，定义 $V(p_i) = \bigcap_{i \neq j} H(p_i, p_j)$，即 $V(P_i)$ 表示比其他点更接近 p_i 的点的轨迹是 $n-1$ 个半平面的交，它是一个不多于 $n-1$ 条边的凸多边形域，称为关联于 P_i 的 Voronoi 多边形或关联于 P_i 的 Voronoi 域。

对于 S 中的每个点都可以作一个 Voronoi 多边形，这样的 n 个 Voronoi 多边形组成的图称为 Voronoi 图，记为 Vor(S)。该图中的顶点和边分别称为 Voronoi 顶点和 Voronoi 边。显然，$|S| = n$ 时，Vor(S) 划分平面成 n 个多边形域，每个多边形域 $V(p_i)$ 包含 S 中的一个点而且只包含 S 中的一个点。Vor(S) 的边是 S 中某点对的垂直平分线上的一条线段或者半直线，从而为该点对所在的两个多边形域所共有。Vor(S) 中有的多边形域是无界的。

3.4.2 Voronoi 图的构建

Delaunay 三角网和 Voronoi 图互为对偶图。因此，在构造点集的 Voronoi 图之后，再对其做对偶图，即对每条 Voronoi 边（限有限长线段）做通过点集中某两点的垂线，便得到 Delaunay 三角网。同样，由 Delaunay 三角网也可以方便地得到与之对偶的 Voronoi 图。

除了可以利用三角网来求解 Voronoi 图以外，还有很多构造 Voronoi 图的方法，如半平面的交、增量构造方法、分而治之法等。

3.5 平面点集三角剖分的两条性质

定理 3.1 设平面点集 S 有 n 个点，任意两个点各不相同，其凸壳 $CH(S)$ 有 h 条边，在凸壳 $CH(S)$ 的边上有 m 个点。则 S 的三角剖分 $TRI(S)$ 有 $2n - m - h - 2$ 个三角形。

证明：先考察凸多边形 $CH(S)$。具有 k 个顶点的凸多边形的三角剖分中三角形的数量为 $k-2$ 个。$CH(S)$ 有 h 个顶点，因此其三角剖分数量为 $h-2$。

对于剩余的位于 $CH(S)$ 内部的 $n-m-h$ 个内点，每插入一个内点，三角形的数量就增加两个。插入一个内点只有两种情况：要么在一个三角形中；要么在一条剖分边上。而这两种情况都使三角形的个数增加两个。因此，插入 $n-m-h$ 个内点，总的三角形的数量增加 $2(n-m-h)$ 个。

对于位于 $CH(S)$ 的边上的点，每插入一个点三角形的数量会增加一个。因此插入 m 个位于 $CH(S)$ 的边上的点，三角形的总数会增加 m 个。

故三角剖分中三角形的总的数量为：$(h-2)+2(n-m-h)+m=2n-m-h-2$

定理 3.2　设平面点集 S 有 n 个点，任意两个点各不相同，其凸壳 $CH(S)$ 有 h 条边，在凸壳 $CH(S)$ 的边上有 m 个点。则 S 的三角剖分 $TRI(S)$ 有 $3n-m-h-3$ 条边。

证明：根据定理 3.1 可知：平面点集 S 的三角剖分 $TRI(S)$ 有 $2n-m-h-2$ 个三角形。

若不考虑边的重复，总共有 $3(2n-m-h-2)$ 条边。

而在三角剖分中，除了边界上的边以外，其余的边均被相邻的两个三角形共用两次。而边界上的边的条数量为 $h+m$。因此，$TRI(S)$ 共有 $[3 \times (2n-m-h-2)+(h+m)]/2$ 条边，即 $3n-m-h-3$ 条边。

将定理 3.1 和定理 3.2 的内容合并，就有下面的定理 3.3。

定理 3.3　设平面点集 S 有 n 个点，任意两个点各不相同，其凸壳 $CH(S)$ 有 h 条边，在凸壳 $CH(S)$ 的边上有 m 个点。则 S 的三角剖分 $TRI(S)$ 有 $2n-m-h-2$ 个三角形，有 $3n-m-h-3$ 条边。

该定理揭示了平面点集三角剖分中三角形的数量与剖分边的条数取决于 3 个因素，即平面点集 S 的基数 n、平面点集的凸

壳 $CH(S)$ 的顶点数 h 和位于 $CH(S)$ 的边上的点的数量 m,而与具体的剖分算法无关。

本章主要介绍了 Delaunay 三角网的相关概念和现有的一些算法,并对 Delaunay 三角网的对偶图 Voronoi 图进行了简单的介绍。阐述了本书提出的平面点集三角剖分的两条性质。在后面的可视化聚类算法中,将要用到相关的概念与算法。

4 多边形的三角剖分

4.1 多边形三角剖分简介

三角形是平面域的单纯形，是一种特殊的多边形。一方面，三角形作为最简单的平面图形，较其他平面图形在计算机表示、分析及处理时方便得多；另一方面，三角剖分是研究其他许多问题的前提。它与其他类型的多边形相比，具有许多特性和优点。例如可以更好地贴近拟合复杂边界等。

平面多边形的三角剖分问题是计算几何研究的一个基本问题，它广泛应用于模式识别、图像处理、有限元网格分析、计算机图形学及机器人等领域；三维几何实体造型系统中的曲面描述及隐藏面的消除等技术也需要用到任意多边形的三角剖分算法。在求解著名的艺术画廊问题时，也要用到多边形的三角剖分。

一个多边形是平面内由一条用直线段连接而成的曲线所围成的区域。简单多边形是一种特殊的多边形，它的边是不自交的。简单多边形是一种重要的多边形类型，其他类型的多边形均可转化为简单多边形，因此，在没有特殊说明的情况下，本书所说的多边形就是简单多边形。

简单多边形三角剖分，就是将简单多边形分解为一系列不相重叠的三角形，同时不产生新的顶点。多边形的三角剖分，也称为多边形的三角化，就是将多边形通过添加不相交的对角线而分割为一个个的三角形区域的过程。多边形的对角线（diagonal），就是连接多边形两个顶点的直线段，该直线段除两个顶点外其余部分均位于多边形内部。其形式化的定义如下：

$$\text{多边形 } P \text{ 的一条直径} = \{(x,y) \in P \,|\, x,y \in (V_1,V_2), V_1 \text{ 和 } V_2 \text{ 是 } P \text{ 的顶点}\}$$

其实，有的类型的多边形是很容易进行三角剖分的。如下面的凸多边形和单调多边形就可以在线性时间内进行三角剖分，见图4-1。

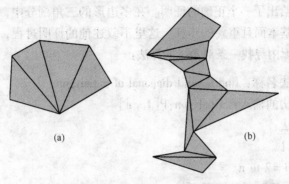

(a)   (b)

图4.1　凸多边形和单调多边形容易三角剖分

(a)—凸多边形；(b)—y单调多边形

但对一般的多边形的三角剖分却并非那么容易。关于多边形的三角剖分，已存在下面的有关定义和定理（这里仅给出相关的内容，有关证明略去）：

定义4.1　设 a，b，c 是多边形 P 的3个连续的顶点。如果 ac 是一个对角线，则称 a，b，c 构成一个耳，称顶点 b 为耳尖。

定理4.1　（双耳定理）具有3个以上顶点的任一多边形至少有两个不相重叠的耳。

定理4.2　（三着色定理）一个简单多边形的三角剖分可三着色。

定理4.3　（可剖分定理）任何简单多边形均可进行三角剖分。

定理4.4　（剖分数定理）具有 n 个顶点的简单多边形可剖分成 $n-2$ 个三角形。

对于含孔洞的多边形，还有下面的定理：

定理4.5　（剖分数定理）具有 n 个顶点，m 个孔洞的简单多边形可剖分成 $n+2m-2$ 个三角形。

定理 4.6　（对角线存在定理）有 3 个以上顶点的任何多边形有一条对角线。

这个定理虽然很直观，但却非常难证明。直到 1975 年，Meisters 才给出了一个正确的证明。在多边形的三角剖分中，寻找对角线是基本而且重要的步骤。这里不叙述他的证明过程，只给出在多边形内寻找一条对角线的算法：

算法名称：find a valid diagonal of aupolygon
算法的输入：a polygon:P[1..n]
算法：

```
q = 1
for i = 2 to n
        if P[i].x < P[q].x
            q = I
p = q - 1 mod n
r = q + 1 mod n
ear = true
s = p
for I = 1 to n
        if( i < = p and i! = r and INSIDE(I,p,q,r))
                ear = false
                if AREA(I,r,p) > AREA(s,r,p)
                    s = i
if ear = true
        return(p,r)
else
        return(q,s)
```

在该算法中，$P[1..n]$ 是一个长度为 n 的顶点对象数组,其下标唯一标识多边形 P 的一个顶点。$AREA(i,j,k)$ 是计算由第 i,j,k 个顶点构成的三角形面积的函数。$INSIDE(i,p,q,r)$ 这个函数用来

判断多边形的第 i 个顶点是否在由第 p,q,r 个顶点构成的三角形之内。该算法可以在线性时间内寻找到多边形的一条有效对角线。

对于有些特殊的多边形可以有简单快速的三角剖分算法。如对凸多边形，可以通过连接一个顶点和其他不相邻顶点从而快速地进行三角剖分。而对于单调多边形也可以在线性时间内完成剖分[2]。对于任意多边形，如果通过寻找对角线进行剖分，很显然算法是 $O(n^2)$ 的。

4.2 多边形三角剖分的已有算法

这里主要介绍下面几种主要的算法。

4.2.1 算法1

该算法是通过不断地寻找有效的对角线，将多边形不断地分割成一个个的三角形。用伪代码表示的算法如下：

```
while P not triangulated do
    (x,y): = find_valid_diagonal (P)
        output(x,y)
```

由于测试连接一对顶点的线段是否为一对角线需要的时间为 $O(n)$，而查找一条对角线的时间复杂性为 $O(n^2)$，而最外面的循环需要的时间为 $O(n)$，因此，整个算法的时间复杂性为 $O(n^4)$。多边形三角剖分算法1如图4.2所示。

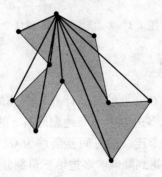

图4.2　多边形三角剖分算法1

4.2.2 算法2

该算法是根据双耳定理设计的，具体的用伪代码表示的算法如下：

```
while n > 3 do
    locate a valid ear tip v2
    output diagonal( v1 , v3 )
    delete v2 from P
```

外循环需要执行 $n-3$ 次。循环体中的第一步的时间复杂性为 $O(n^2)$，其余两步需要常数时间复杂度。因此，该算法总的时间复杂性为 $O(n^3)$。多边形三角剖分算法 2 如图 4.3 所示。

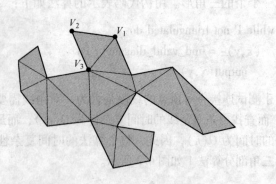

图 4.3　多边形三角剖分算法 2

4.2.3 算法3

该算法首先用 $O(n^2)$ 的时间计算出全部的有效耳。然后再用 $O(n^2)$ 的时间从多边形中不断地删除耳，来完成多边形的三角剖分。从而用两个连续的时间复杂性为 $O(n^2)$ 的过程使整个算法的时间复杂性得到降低。多边形三角剖分算法3 如图 4.4 所示。具体的用伪代码表示的算法如下：

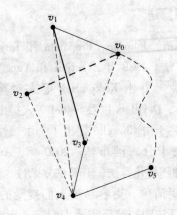

图4.4　多边形三角剖分算法3

```
compute all valide ears S
    while n > 3 do
        locate a valid ear tip v2
        output diagonal(v1,v3)
        delete v2 from P
        delete(v0,v1,v2)from S
        delete(v2,v3,v4)from S
        check ear(v0,v1,v3)
        check ear(v1,v3,v4)
```

4.2.4　算法4

该算法首先在 $O(n\lg n)$ 的时间复杂度下将多边形 P 分割成若干个小的 y 单调多边形；然后在线性时间内再对每个小的单调多边形进行三角剖分，从而使整个算法的时间复杂度为 $O(n\lg n)$。

step 1：Partition P into y-monotone pieces　　$O(n\lg n)$

step 2：Triangulate every y-monotone polygon　$O(n)$

4.2.5 其他算法

1978 年，Garey，Johnson，Preparata 和 Tarjan 首先提出了一个 $O(n\lg n)$ 的算法。1988 年，Tarjan 和 Van Wyk 提出了一个 $O(n\lg\lg n)$ 的算法[129]并由 Kirkpatrick 等人对算法进行了简化。1990 年，Clarkson、Devillers 以及 Seidel 等人提出了 $O(n\lg^* n)$ 的剖分算法。1991 年终于由 Chazelle 提出了一个线性时间的确定性算法[130]，但该算法十分晦涩难懂。2000 年，Amato，Goodrich 和 Ramos 提出了一种随机化算法，其算法复杂性也为 $O(n)$。

有没有一个更简单、更容易被人们接受的线性时间的简单多边形三角剖分算法呢？这还需要人们进一步地去探索。

4.3 简单多边形的快速单调剖分算法

多边形剖分问题是计算几何中的重要问题之一，它是将多边形划分为更为简单规范的子区域的过程，实际上可以看做是对多边形面域的规范化过程。这些子区域能完全覆盖整个多边形区域并且互不重叠。按照剖分对象的不同可以分为凸多边形剖分、单调多边形剖分、简单多边形剖分、带孔洞的简单多边形剖分和复杂多边形剖分。按照剖分的目的和要求可以分为三角剖分、梯形剖分和单调剖分等。复杂多边形可分割为若干个简单多边形。对于含孔洞的多边形，只需在剖分时进行一些特殊处理就可以了。而凸多边形和单调多边形的剖分比较简单。因此，简单多边形的剖分便成为剖分研究的重点。

多边形的三角剖分就是将多边形划分为一系列互不重叠的三角形。三角剖分是一种很重要的剖分，在计算机图形学、实体造型、GIS 等领域有着非常广泛的应用。

单调多边形具有较为良好的特性。它可以在 $O(n)$ 时间内完成三角剖分或梯形剖分。因此，研究多边形的单调剖分具有特别重要的地位。

本书提出并实现了一种快速的简单多边形单调剖分算法。该算法可以快速地将简单多边形剖分成一个个的单调块。由于在 $O(n)$ 时间内可以对单调多边形进行三角剖分[3]，因此，该算法使对任意简单多边形的三角剖分可以在 $O(n)$ 时间复杂度下完成。

4.3.1 算法相关概念与基本思想

4.3.1.1 相关概念

称一个简单多边形关于一条直线 L 单调，如果对任何一条垂直于 L 的直线 L'，L' 与该多边形的交都是连通的。换言之，它们的交或者是一条线段，或者是一个点，也可能是空集[2]。如果一个多边形关于 y 坐标轴（x 坐标轴）单调，就说它是 y-单调（x-单调）的。本书所说的单调多边形均指 y-单调多边形。

为了描述的方便，这里仍引用文献［2］中"上方"和"下方"的概念。所谓"点 p 处于点 q 的上方"，是指 $p_y > q_y$，或者 $p_y = q_y \wedge p_x < q_x$；所谓"点 p 处于点 q 的下方"，是指 $p_y < q_y$，或者 $p_y = q_y \wedge p_x > q_x$。（可以想象相对于原来的坐标系，沿顺时针方向，将整个平面旋转一个微小的角度，使得任何两个点都不会具有相同的 y 坐标，而且上面定义的上/下关系，在旋转后的平面上依然保持不变。）如果点 p 处于点 q 的上方，本书中就记作 "$p > q$"；如果点 p 处于点 q 的下方，本书中就记作 "$p < q$"。

一个简单多边形的顶点可以分为两类：单调点和非单调点。设 v 是单调多边形的一个顶点，若与其相邻的两个顶点中，一个在其上方，而另一个在其下方，则称顶点 v 是单调点，否则称 v 为非单调点。非单调点也称极值点。如果 v 的两个相邻顶点都在其上方，则称 v 为极小值点；如果 v 的两个相邻顶点都在其下方，则称 v 为极大值点。并将 y 坐标最大的极大值点称为"最上点"，将 y 坐标最小的极小值点称为最下点。进一步地，可以根据极值点是否内凸将其分为内凸极值点和外凸极值点，如图 4.5

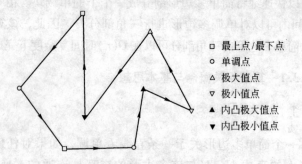

图 4.5 简单多边形顶点的分类

所示。

本书用逆时针的方向排列的 N 个顶点的序列来表示一个具有 N 个顶点的简单多边形。

设 v 是简单多边形的一个顶点，p 是 v 前邻的顶点，q 是 v 后邻的顶点。如果 v 在有向线段 $\overrightarrow{pq}$ 的左侧，则称 v 是内凸的；如果 v 在有向线段 $\overrightarrow{pq}$ 的右侧，则称 v 是外凸的。这样，就分别将极大值点和极小值点分为内凸和外凸两种，就有内凸极大值点、内凸极小值点、外凸极大值点和外凸极小值点。

4.3.1.2 算法基本思想

为了让一个任意简单多边形成为单调多边形，就应该去掉其中的所有非单调顶点，而在单调化以后的多边形中，外凸的极值点就转变为剖分后单调块的最大点和最小点。因此，如果将内凸的极值点消除掉，就可以完成简单多边形的单调剖分。对于一个内凸极大值点，消除它的最简单有效的方法就是从该顶点出发向上引一条垂线，这条垂线必然和多边形的一些边相交，在这些交点中寻找 y 值最小的一个交点，从该交点和该内凸极大值点处就可以将简单多边形分割成两个部分。很显然，在两个剖分开的多边形中，内凸的极值点的数量减少了一个。

对每个子多边形进行类似的操作，就可完成整个多边形的单调剖分。

在特点的条件下求两条线段的交点是比较容易的。例如，对内凸极大值点要求其与多边形其他边的交点就比较简单。首先，可以根据每一条边的两个端点的 x 坐标是否在内凸极大值点 x 坐标的两侧，就可以排除掉大部分不相交的边，同时还可以判定是否交于顶点。然后，根据每一条边的两个基本点端点的 y 坐标是否都大于该内凸极大值点的 y 坐标，又可以排除掉一部分点。对于不能排除的一小部分边，才需要真正地计算交点。

交点的计算也比较简单。交点的 x 坐标是不用计算的，和该内凸极大值点的 x 坐标相同，即 $x_c = x_0$；交点的 y 坐标，只需要根据下面的比例关系式计算出 y_c 即可：

$$\frac{x_2 - x_1}{x_0 - x_1} = \frac{y_2 - y_1}{y_c - y_1}$$

其中，(x_1, y_1) 和 (x_2, y_2) 是多边形一条边的两个顶点的坐标；(x_c, y_c) 是交点坐标；(x_0, y_0) 是多边形的一个内凸极大值点的坐标。

由此可见，求自内凸的极值点向凸出方向的垂直射线和多边形各个边的交点的效率是比较高的。

4.3.2　算法描述

在每一个内凸极值点处都进行一次剖分，剖分后形成两个多边形，这两个多边形不一定是单调的，必须进行单调检验方能知道。因此，在该算法中使用了一个对象栈，用来保存剖分过程中得到的多边形。

下面是该算法的具体描述：

算法名称：简单多边形快速单调剖分算法

输入：一个简单多边形 p

输出：由 p 剖分出的单调多边形的集合

算法步骤：

确定多边形每一个顶点的类型

if(该多边形是单调的){

   将其加入结果单调多边形集，并返回

}

将多边形 p 压入堆栈 stack

while(堆栈不空){

p←从堆栈 stack 中取一个多边形

   if(p 是单调的){

       将 p 加入结果单调多边形集中

   }else{

   查找一个内凸极值点 v

   if(v 是内凸上极值点){

       求从 v 出发向上的射线与多边形边界的交点中 y 值最

         小的点 v′

       if(v′不是多边形顶点){

            将 v′插入到多边形 p 中

       }

       将 p 从 v 和 v′处进行剖分

       将剖分出的两个多边形压入堆栈

}

if(v 是内凸下极值点){

     求从 v 出发的向下的射线与多边形边界的交点中 y 值最

       大的点 v′

     if(v′不是多边形顶点){

          将 v′插入到多边形 p 中

     }

     将 p 从 v 和 v′处进行剖分

     将剖分出的两个多边形压入堆栈

   }

}
}

将存储剖分结果的单调多边形集返回。

4.3.3 实现与验证

为了验证该算法的正确性，在 Jbuilder 9 下进行了实验，图 4.6 是一个要剖分的多边形。已经有程序自动地标出顶点的类型。

图 4.6   简单多边形的顶点分类

图 4.7 是对图 4.6 中的简单多边形进行单调剖分后的结果。

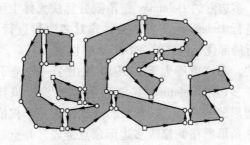

图 4.7   单调剖分结果

实验结果表明：该算法能正确地完成任意多边形的单调剖分，并且具有较高的效率。

该算法可以快速地将简单多边形剖分成一个个的单调块。

由于在 $O(n)$ 的时间内可以对单调多边形进行三角剖分[1]，因此该算法使对任意简单多边形的三角剖分可以在 $O(n)$ 时间复杂度下完成。

该算法是一种增加辅助点的简单多边形单调剖分算法。在剖分过程中，增加了一些非顶点的交点来辅助完成单调剖分。单调剖分的结果可以直接应用于一些场合，而单调剖分的主要目的是为了完成对多边形的三角剖分。如果三角剖分的一些应用场合中不希望引入辅助点，这时可以在单调剖分过程中给这些辅助点打上标记，在完成对每一个单调块的三角剖分之后，对这些辅助点及剖分线所关联的三角剖分进行合并整理，就可以很快地消除辅助点，达到无辅助点快速三角剖分的目的。

4.4 多边形的 Delaunay 三角剖分

简单多边形的 Delaunay 三角剖分和一般意义上的多边形三角剖分所不同的是，Delaunay 三角剖分所有内边都是局部优化的，它具有最小内角最大化以及平均形态比最大的性质。

目前，多边形的 Delaunay 三角剖分算法大体上可以分为两类：直接进行 Delaunay 三角剖分；先对多边形进行三角剖分，然后再进行局部优化使之符合 Delaunay 性质。

国内的，马小虎等人于 1999 年提出了一种基于凹凸顶点判定的简单多边形 Delaunay 三角剖分算法[131]。该算法首先求出简单多边形的凹凸顶点，然后，逐次割去一个权值最大的三角形构造三角形网格，修改多边形顶点链表，并重新计算受影响的顶点的凹凸性。重复这个过程，直到边界顶点链表空为止。

如果存在一个简单多边形的三角剖分 $T(P)$，则对三角剖分中不是优化的边进行对角线交换，可以在有限次的局部优化操作后转化为 Delaunay 三角剖分，从而避免病态三角形的出现，如图 4.8 所示。

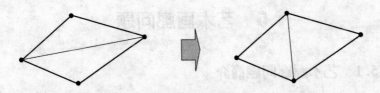

图 4.8　三角剖分的局部优化

　　本章首先对多边形的三角剖分问题进行了阐述，介绍了当前已有的剖分算法。在此基础上介绍了作者提出的简单多边形快速单调剖分算法。

5 艺术画廊问题

5.1 艺术画廊问题简介

5.1.1 艺术画廊问题及其数学模型

艺术画廊问题（Art Gallery Problem）也称博物馆问题（Museum Problem），最早是 1973 年在 Victor Klee 和 Vásek Chávtal 之间的一次交谈中首先被提出来的。面对出自名家手笔的绘画作品，怦然心动的可不止是艺术爱好者，罪犯们也是如此。这类作品价值不菲、易于运输，而且很显然，不愁出不了手。为了这些艺术作品的安全，必须对其进行严密的看管。因此，在画廊的天花板上要安装若干个摄像头，并将摄像头采集到的图像传送值班室的监视屏上。当然希望摄像机数目越少越好，这有许多好处。首先可以降低整个保安系统的成本，其次监视人员需要盯住的屏幕数量越少，他们就更轻松。那么最少需要多少台摄像头就可以监视到艺术画廊的每一个角落呢？这就是艺术画廊问题的由来。

不止是艺术画廊，其实在现实生活中有许多这种类似的问题。比如一些重要的军事或经济区域等也同样存在类似的问题。

为了对这类问题进行求解，首先就要对其进行建模，以更确切地对该问题作出定义，因此需要对该问题进行形式化处理。自然地，每个画廊都是一个三维空间，然而通过其平面结构图，就可以得到足够的信息来确定摄像机的安装位置。因此，可以用平面多边形来表示一个画廊。而一台摄像机的安装位置则对应于多边形内部（或边界上）的一个点。对于多形内的任何一点，只要连接于它和某台摄像机之间的开线段完全落在多边形的内部（或边界上），它就能被这台摄像机监视到。即 x can-see y iff $(x, y) \in P$，如果位于多边形内的两点 x 和 y 可见，当且仅当

开线段 (x, y) 属于多边形 P。

一个艺术画廊是一个具有 n 条边的简单多边形。一个简单多边形是平面内由若干条直线段构成的曲线所围成的一块区域。

5.1.2 艺术画廊问题的诸多变种

目前对艺术画廊问题有许多变种。总地看来，这些变种主要是通过改变下面的一个或多个因素而形成的：

（1）艺术画廊多边形的类型：是否含孔洞；边是否全部平行于 x 或 y 轴。

（2）摄像机的视角：是否受限。

（3）摄像机的视距：是否受限。

（4）摄像机的位置：是否固定不变。

（5）艺术画廊：二维还是三维。

在经典的艺术画廊问题中，本书主要讨论经典的艺术画廊问题如下：

（1）表示艺术画廊的多边形为简单多边形；

（2）摄像机只可以放置在多边形的顶点处；

（3）每个摄像机可以监视 2π 范围；

（4）摄像机的监视距离可以是无限远的。

在本章的最后，还对本书提出的艺术画廊问题的解决方案的应用场合进行了扩展。

5.1.3 艺术画廊问题解决现状综述

5.1.3.1 顶点三着色与艺术画廊定理

设 P 是一个包含 n 个点的简单多边形。由于多边形 P 可能极其复杂，为了求得覆盖 P 所需要的摄像机数目，首先将 P 分解为若干个三角形块，每一个三角形块都很容易覆盖。

将一个多边形分解为若干个三角形块的过程称为多边形的三角分解（剖分），其中的每一个三角形的小块被称为该多边形的一个三角剖分。多边形的三角剖分是通过不断地在多边形中添加一条条的对角线来完成的。多边形 P 的对角线是一条开的线段，它连接于多边形 P 的两个顶点之间，而且完全落在多边形 P 的内部。多边形三角剖分的具体内容在第 3 章已经讨论过了，这里不再赘述。

通常一个简单多边形的三角剖分不是唯一的。给定多边形 P 的一个三角剖分，如果在每个三角剖分中放置一台摄像机，就能够实现对整个多边形所有区域的监视。

定理 5.1　任何简单多边形都存在至少一个三角剖分；若其顶点数目为 n 则它的每个三角剖分都恰好包含 $n-2$ 个三角形。

因此，对于一个简单多边形，我们总可以找到它的一个三角剖分，而且都可以用 $n-2$ 台摄像机来覆盖整个多边形。但是，如果将一台摄像机放置在对角线上，则可以用一台摄像机同时监视两个相邻的三角形。如果若干个三角形共享同一个顶点，则将摄像机放置在该顶点处就可用一台摄像机同时覆盖若干个三角形。如何选择放置摄像机的顶点，才能使摄像机的数目比较小？

有一种方法可以保证选择较少的顶点，即多边形顶点三着色方案。

将简单多边形进行三角剖分。先任选一个三角形，将三个顶点分别染上不同的颜色：红色、蓝色和黄色。然后对其余的三角形进行处理：如果一个三角形的两个顶点被染成两种不同的颜色，则将该三角形的第三个顶点染成第三种颜色。直到所有的顶点都被着色。任何一个简单多边形都可以进行这种三着色。将一个多边形的三角剖分进行顶点的三着色后，在着有同一种颜色的顶点上放置一台摄像机，则这组摄像机可以覆盖整个多边形。若选用点数最少的那一类同色顶点，则只需要不超过 $\left\lfloor \dfrac{n}{3} \right\rfloor$ 台摄像机，即可覆盖整个多边形。因此，就有了组合几何学（Combinatorial Geometry）中的一个经典结论——艺术画廊定理。

定理 5.2　（艺术画廊定理，Art Gallery Theorem）包含 n

个顶点的任何简单多边形只需（放置在适当位置的）$\left\lfloor \dfrac{n}{3} \right\rfloor$ 台摄像机，就能保证其中任何一点都可见于至少一台摄像机。

艺术画廊定理给出了艺术画廊问题解的一个上界，即对于具有 n 个顶点的任何简单多边形，$\left\lfloor \dfrac{n}{3} \right\rfloor$ 台摄像机总是足够的。而且，在有的情形下也的确需要这么多台。如图 5.1 所示的梳状多边形，就至少需要 $\left\lfloor \dfrac{n}{3} \right\rfloor$ 台摄像机。

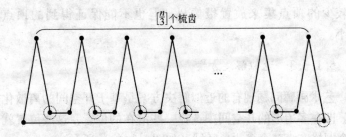

图 5.1　梳状 n 边形需要的摄像机台数

根据艺术画廊定理，可以设计出下面的求解艺术画廊问题的算法：

算法名称：利用艺术画廊定理解艺术画廊问题的算法。

算法输入：一个简单多边形 P。

算法输出：放置摄像机的一组多边形顶点。

Step 1：将多边形 P 进行三角剖分；

Step 2：对多边形的所有顶点进行三染色；

Step 3：选择点数最少的一类同色顶点并输出。

5.1.3.2　现有的其他方法

其实，为了寻找摄像机的安放位置，不必将多边形进行三角剖分。如果能将简单多边形剖分成若干个凸多边形，由于对于每一个凸多边形一台摄像机就足够了，因此就可以通过适当的策略放置摄像机，以减少摄像机的数量。2004 年 Ting K. Ho 对艺术画廊问题的求解方法[139]采用的就是这一思路。该方法的主要步骤如下：

Step 1：将多边形 P 进行单调剖分；

Step 2：通过在凹顶点处增加对角线，递归地消除凹顶点，将每一个单调多边形划分成凸多边形；

Step 3：合并可能的剖分，以减少凸多边形的数量；

Step 4：选择位置放置摄像机。

对一个具有 n 个顶点的简单多边形，该方法有时能够产生比较少的顶点集来放置摄像机，但也不能保证得到的顶点集最小。

5.1.3.3 近似解决方案

艺术画廊问题现有的近似解决方案是基于开空间的离散化方法。即在多边形的开空间中选择一些潜在的位置，这些位置就像一个网格布满整个多边形区域（如图 5.2 （a）所示）。

这种方法假定，在艺术画廊的开空间内密集分布着许多观察者，每一个观察者 v_i 有一个可见连通集，称为 ISOVISTa_i，其中 $a_i = \{v_i, v_j, \cdots, v_n\}$；$1 \leqslant i, j, \cdots, n \leqslant N$，$v_j$，$\cdots$，$v_n$ 是从 v_i 可见的观察者，N 是艺术画廊中所有观察者集合的基数。基于上述的假设，提出了两种方法：ROPE 和 CSC。

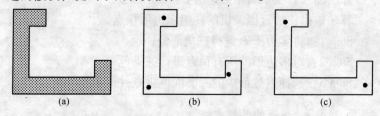

(a)   (b)   (c)

图 5.2 具有密集网点观察者的艺术画廊及用
ROPE 和 CSC 方法求的最佳位置
(a)—具有密集网点观察者的艺术画廊；(b)—用 ROPE 方法求解的最佳位置；
(c)—用 CSC 方法求解的最佳位置

（1）ROPE（Rank and Overlap Elimination）方法是一种贪婪搜索方法，最早是为了解决建筑学领域中的问题而由 Rana S. 和 Batty 于 2004 年提出的[140]。它首先选择最高级别的观察者，然后去除出现在同一个可见连通集中的具有较低级别的观察者，直到获得最小覆盖的可见连通集为止。下面的伪代码显示了用 ROPE 方法解决艺术画廊问题的方法：

```
While( N ≠ φ ){
    Get v_i ∈ N with maximum rank i. e. |a_i|
    Add v_i to α
    Remove a_i from N
}
```

其中 α 为最佳观察者集合。

（2）CSC（Combinatorial Set Coverage）方法。这种方法本质上是一种迭代搜索过程。它寻找一观察者的组合，使它们的等级之和等于画廊开空间中观察者的总数。例如，如果一个观察者 v_i 满足下面的条件，

$$|N| = |a_i|$$

那么，v_i 就是覆盖整个画廊的最佳观察者。如果没有发现单个的最佳观察者，就搜索满足下面条件的两个观察者，

$$|N| = |a_i \cup a_j|$$

该搜索方法可以向下扩展，直到找到一个解为止。

很显然，在多边形中选择的放置摄像机的潜在位置点越密集，艺术画廊问题的解就更有可能接近最优解，但计算代价就会更大。

到目前为止，艺术画廊问题仍然是一个 NP-难问题。能有效地解决 AGP 问题，在可计算理论上具有重要意义，同时也具有重要的实际应用价值。

5.2　基于可见传播规则的艺术画廊问题的求解方法

艺术画廊问题是计算几何中众所周知的一个 NP-难问题。本

书针对这一问题提出了一种求解艺术画廊问题的新方法——基于可见传播规则的艺术画廊问题的求解方法。该方法首先对多边形进行 Delaunay 三角剖分；然后根据一定的规则判定每个顶点的所有完全可见三角形，构造顶点与三角形之间的可见关系表；从少到多地将可见关系表中的行向量组合起来，对各个组合中的行向量进行逻辑加运算，依据运算结果向量，就可以得到艺术画廊问题的解。实验结果表明，该方法在大多数情况下可求得艺术画廊问题的最优解。

5.2.1 可见传播规则

这里首先说明一下本方法中要用到的"可见传播规则"。这里所说的"一个点可见一个三角形"是指该点可看见整个三角形区域。可见传播规则包含下面三条规则：

（1）三角形的任一顶点可见该三角形；

（2）若一点可见一个三角形，则该点可见该三角形的每一条边；

（3）如果一个点可见一个三角形的一条边，且该边不是多边形的边界，若该顶点与三角形的另一顶点所确定的线段和该边相交（这里指内交或交于顶点，下同），则该点可见该三角形；否则该点不可见该三角形。

如图 5.3 所示，在图 5.3（a）中点 V 可见△ABC 的边 AB，且线段 VC 与边 AB 相交，则点 V 可见△ABC；在图 5.3（b）中

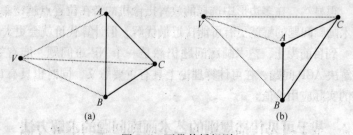

图 5.3　可见传播规则

（a）一点 P 可见△ABC；（b）一点 P 不可见△ABC

点 V 可见$\triangle ABC$ 的边 AB，但线段 VC 与边 AB 不相交，则点 V 不可见$\triangle ABC$。

利用可见传播规则，可以很快地求出一个顶点的所有可见三角形的集合。

5.2.2　艺术画廊问题的求解步骤

解决艺术画廊问题的步骤如下：

（1）首先对多边形进行 Delaunay 三角剖分；

（2）根据可见传播规则计算每一个顶点的可见三角形集合，并构造可见关系表；

（3）求可见关系表中最少的行向量的组合，并使得该组合中的点可监视到所有三角形。组合中行向量所对应的顶点，就是放置摄像机的一组顶点，也就是艺术画廊问题的一个解。

可见关系表的纵向列出简单多边形的所有顶点，横向是每一个三角形。表中的元素非 1 即 0，分别表示相应的顶点对三角形的可见与否。求可见关系表中最少的行向量的组合，就是从少到多地列出顶点的每一个组合，并对每一个组合中的顶点对应的行向量进行逻辑加运算，若和向量是一个全"1"向量，则表明该顶点组合可监视到所有的三角剖分，即为该艺术画廊问题的解。

5.2.3　实验验证

为了验证该方法的正确性和有效性，对如图 5.4 所示的多边形进行了实验。在图 5.4 中，给出了每一个顶点和三角形的编号。图 5.5 是图 5.4 中的多边形中每一个顶点对各三角剖分中三角形计算出的可见关系表，其中还列出了每个顶点可见的三角形数量和每一个三角形可被看见的顶点的数量。为了视觉上的直观性，可见关系表中没有列出"0"元素。

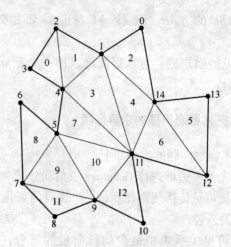

图 5.4 实验用的多边形

顶点	三角形													
	0	1	2	3	4	5	6	7	8	9	10	11	12	
0			1	1	1		1			1				5
1	1	1	1	1	1		1	1			1		1	9
2	1	1		1	1		1							5
3	1	1												2
4	1	1	1	1	1		1	1				1	1	9
5			1	1	1	1		1	1	1	1	1	1	10
6							1		1		1			3
7								1	1	1	1			4
8			1	1			1	1	1	1	1	1		8
9		1	1	1			1	1	1	1	1	1	1	10
10		1		1			1			1		1		5
11		1	1	1	1	1	1		1	1	1	1	1	11
12	1	1		1	1	1	1							6
13					1	1								2
14	1	1	1	1	1	1			1	1	1	1	1	11
	6	9	8	11	10	5	7	9	5	7	10	7	6	

图 5.5 顶点对三角形的可见关系

该方法求出一个解就终止执行，得到的解是 {5，14}。也即只要在顶点5和顶点14处放置两台摄像机就可以监视到整个多边形内的全部区域。当然也可以修改算法的终止条件，让其计算出所有的包含两个顶点的全部解，以供决策者选择。

5.2.4　算法效率分析

设多边形 P 有 n 个顶点，则 P 的 Delaunay 三角剖分中有 $n-2$ 个三角形。在第一步中利用文献 [131] 中的 Delaunay 三角剖分算法，其时间复杂度为 $O(n^2)$。在第二步中需要计算每个顶点的所有可见三角形，最坏情况下的时间复杂性为 $O(n(n-2))$。在第三步中，根据艺术画廊定理需要判定的组合的基数不超过 $\left\lfloor \dfrac{n}{3} \right\rfloor$，而对每一个组合的判定可在常数时间内完成，因此该步的时间复杂性为 $O\left(\sum_{i=1}^{[n/3]} C_n^i \right)$。因此该方法总的复杂性为多项式时间。

该方法可以在多项式时间内可以求出较优解。实验表明，该方法在多数情况下可求得艺术画廊问题的最优解。

5.3　基于顶点可见关系矩阵的艺术画廊问题解决方法

5.3.1　可见关系矩阵及其性质

5.3.1.1　可见关系与可见关系矩阵（VRM）

如果位于多边形同一平面上的两点 A 和 B，若连接它们的线段全部落在该多边形的内部（或边界上），则称它们是可见的。否则称它们是不可见的。

平面上两点之间的可见关系是一种二元关系。用 Visible(A, B) 来表示点 A 和点 B 的可见关系。如果点 A 和点 B 是可见的，则表示为 Visible(A,B) = 1(True)；如果点 A 和点 B 是不可见的，则表示为 Visible(A,B) = 0(False)。

可见关系是对称的，也是自反的，但它不是可传递的。例如，点 A 可见点 B，则点 B 必然可见点 A；一个点可见其自身；点 A 可见点 B，点 B 可见点 C，但点 A 未必可见点 C。

将一个平面点集中的每一对点之间的可见关系表示成矩阵的形式，即构成可见关系矩阵，可见关系矩阵中顶点的排列顺序与多边形中顶点的顺序相同。图 5.6 和图 5.7 分别是用多边形表示的艺术画廊及其顶点的可见关系矩阵。

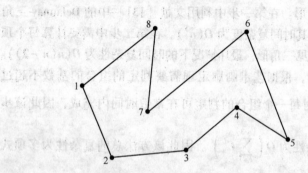

图 5.6　用多边形表示的艺术画廊

	0	1	2	3	4	5	6	7
0	1	1	1	0	0	0	0	1
1	1	1	1	1	0	0	0	1
2	1	1	1	1	1	0	0	1
3	0	1	1	1	1	0	1	1
4	0	0	1	1	1	1	1	1
5	0	0	0	0	1	1	1	0
6	0	0	0	1	1	1	1	1
7	1	1	1	1	1	0	1	1

图 5.7　多边形顶点的可见关系矩阵

对于一个有 n 个顶点的多边形 P，用 VRM 表示一个多边形顶点集的可见关系矩阵。

$$VRM = \{(i,j)\}$$

其中 i, $j = 0$, 1, 2, $\cdots$, $n-1$。可见关系矩阵 VRM 的每一个元素 (i,j)，表示第 i 个顶点和第 j 个顶点之间的可见关系。如果它们是可见的，则相应的矩阵元素为 1，否则为 0。即：

$$(i,j) = \begin{cases} 1, 顶点\ i\ 和顶点\ j\ 是可见的 \\ 0, 顶点\ i\ 和顶点\ j\ 是不可见的 \end{cases}$$

5.3.1.2 可见关系矩阵的性质

由于本艺术画廊问题的解决方案是基于可见关系矩阵的，因此，有必要对可见关系矩阵的性质进行必要的研究。可见关系矩阵具有下面的一些性质：

（1）对称性。由于可见关系是对称的，即 $\mathrm{Visible}(i,j) = \mathrm{Visible}(j,i)$，因此，可见关系矩阵也是一个对称矩阵。

（2）自反性。由于可见关系是自反的，即 $\mathrm{Visible}(j,j) = 1$，因此可见关系矩阵的主对角线元素全为 1。

（3）矩阵元素非 1 即 0，分别表达逻辑上的可见与否。

（4）由于多边形相邻的两个顶点之间必然是可见的，因此，如果可见关系矩阵中各个顶点的排列顺序和多边形中顶点之间的相邻关系相对应，则可见关系矩阵中和主对角线元素相邻的元素必然为 1（左下角和右上角的元素也为 1）。

（5）可见关系矩阵的任何一行（列）的元素不可能全为 0。因为在多边形中没有一个顶点不和其他任何顶点相邻，而相邻顶点必然是可见的。

（6）如果一个可见关系矩阵中的某一行（列）元素全部为 1，该行（列）所对应的多边形顶点可见其他任何顶点。

5.3.1.3 可见关系矩阵行元素的逻辑加运算

用 **Row**(i) 表示可见关系矩阵中的第 i 行。对于可见关系矩阵 VRM 定义一种运算，即行向量的逻辑加运算：

可见关系矩阵行向量的逻辑加运算就是将两个行向量中的

相应位置上的元素进行逻辑加法运算（即 0＋0＝0，0＋1＝1，1＋0＝1，1＋1＝1），运算的结果仍然是一个行向量。可见关系矩阵中的第 i 行和第 j 行进行逻辑加运算可表示为 **Row**(i) ＋ **Row**(j)。

如果可见关系矩阵中一个行向量的所有元素为 1，就表示该行所对应的元素可见所有元素。如果可见关系矩阵中两个或两个以上的行向量进行逻辑加运算所得结果向量是一个元素全为 1 的向量，则这些行向量所对应的顶点可见关系矩阵的所有元素。

5.3.1.4 多边形顶点的可见关系矩阵

多边形的各个顶点之间也存在可见关系，它们之间要么可见，要么不可见。如果一个可见关系矩阵中的元素是一个多边形中的所有顶点，这个可见关系矩阵就是多边形顶点的可见关系矩阵。

如果多边形顶点的可见关系矩阵中的一个行向量（或者若干个行向量的逻辑加运算的结果）是一个全"1"向量，就说明该行向量对应的顶点（或这几个行向量对应的顶点）可以监视到该多边形的全部顶点。

因此，如果艺术画廊问题就是将摄像机放置在多边形的顶点处，监视的目标就是该多边形的每一个顶点，就可以首先建立起该多边形各个顶点之间的一个可见关系矩阵，然后从少到多来判定若干行向量的逻辑加运算的结果是否为全"1"向量，若是，则找到了该艺术画廊问题的一个解，而且该解是一使得摄像机数目最小的解。

5.3.2 多边形两个顶点可见性的判定

建立可见关系矩阵的关键就是判定多边形每一对顶点之间的可见性。按照可见性的定义，对于多边形的两个顶点 A 和 B，连接 A、B 两点得到线段 AB，只要能够判定开线段 AB 上任一点都在多边形内或在边界上（即不在多边形内部），就可以断定顶点 A 和顶点 B 是可见的。但是对开线段 AB 上的每一个点逐点判断是不可行的。

由于多边形形态的复杂多样性，用计算机来判定两个顶点的可见性并不是一件容易的事情。其实计算几何中的许多问题都是这样，看起来很简单、很直观，但实现起来却很困难。

判断的具体方法：首先判断线段 AB 和多边形中与顶点 A 和顶点 B 不关联的边是否相交，如果不相交，则看 AB 的中点是否在多边形内。若线段 AB 的中点在多边形内，则顶点 A 和顶点 B 是可见的；若线段 AB 的中点在多边形外，则顶点 A 和顶点 B 是不可见的。如果线段 AB 和多边形中与顶点 A 和顶点 B 不关联的边相交，则还要看它们是否相交于非顶点处。如果相交于非顶点处，则线段 AB 必然有一部分处于多边形外，顶点 A 和顶点 B 是不可见的；如果相交于顶点处，则这些顶点将线段 AB 分割成若干段，这时要根据各段线段的中点是否位于多边形内来确定 AB 是否可见。

具体的判定方法用如图 5.8 所示的判定树来表示：

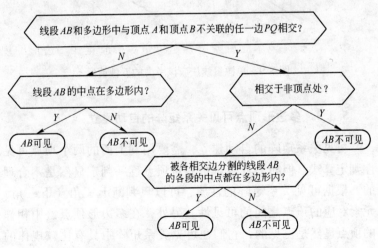

图 5.8　多边形两个顶点可见性的判定

在判断两个顶点可见性时，需要判断一个点是否在多边形内。如何判断一个点是否在多边形内部呢？目前，单源射线法是最有效的判定方法。但在使用该方法时必须考虑到所有可能出现的情形。图5.9列出了在使用单源射线法时所必须考虑的各种情形。其中的每一个图都包含两种情况，即P_iP_{i+1}的某一侧在多边形内。

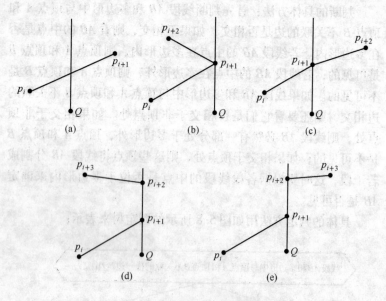

图5.9　单源射线法应该考虑的五种情形

5.3.3　多边形顶点可见关系矩阵的自动建立

可见关系矩阵的自动建立，需要用到上面的两个顶点可见性判定算法。但如果直接对每一对顶点逐一判定显然是不合理的。根据可见关系矩阵的性质，可以只判断上三角（下三角）元素对应的顶点之间的可见性。另外，在多边形顶点链中相邻的顶点显然是可见的，它们在可见关系矩阵中具有比较规律的位置关系，因此可以运用这些规律来减少判定的次数，从而提高可见关系矩阵的建立效率。

算法首先依据多边形的顶点数量来建立一个二维数组，用来存放可见关系矩阵。然后再对数组进行初始化（将矩阵元素全部置0）。在初始化过程中，先对将主对角元素及与主对角元素相邻的矩阵元素初始化为1。然后，判断上三角矩阵中剩余元素相对应的顶点间的可见性，并将判断结果赋予与之对称的矩阵元素。

5.3.4 监视顶点问题求解——初步解

这里所说的艺术画廊问题的初步解，就是一组数量最少的一组顶点，这组顶点可以监视到多边形的所有其他顶点。后面可以看到初步解和最终解之间的关系。

这里首先用几个基本的函数。函数 **int**[ ]logicPlus(**int**[ ]a, **int**[ ]b)用来对可见关系矩阵中的两个行元素进行逻辑加法运算。函数 **boolean** isAllTrue(**int**[ ]a)用来判断一个行向量是否为全"1"向量。

下面的算法可以自动由少到多地对可见关系矩阵中行元素进行组合。每得到一个组合，就对该组合中的所有行向量进行逻辑加法运算，并对运算结果进行判定，如果得到一个逻辑加运算结果为全"1"行向量的组合（也就是得到了一个初步解）就将其输出。

```
int camera_min = 0;//需要的最小摄像机数量
int N = v. length;//顶点个数
int n = (int)(N/3);//最多需要的摄像机数量(依艺术画廊
定理)
int currentRowNumber = 1;//当前判断的行向量的行数
int[ ]index = new int[n];//要判断的几个行向量的下标
int[ ]sum = new int[N];//存储行向量的和
//从小到大对不同数量的组合进行判断
for(currentRowNumber = 1; currentRowNumber < = n; current-
```

```
RowNumber ++ ) {
    for( int i = 0; i < currentRowNumber; i ++ ) {
        index[ i ] = i;
    }
    //对由 currentRowNumber 个向量的全部组合进行判断
    while( true ) {//求和
        sum = new int[ N ];
        for( int i = 0; i < currentRowNumber; i ++ ) {
            if( index[ i ] < N ) {
                sum = this. logicPlus( sum, v[ index[ i ] ] );
            }
        }
        //判断是否满足答案要求
        if( this. isAllTrue( sum ) ) {
            if( camera_min = = 0 ) {
                camera_min = currentRowNumber;
            }
            for( int i = 0; i < currentRowNumber; i ++ ) {//输出初步
解顶点组合
                System. out. print( index[ i ] );
                if( i < currentRowNumber - 1 ) {
                    System. out. print( "," );
                }
            }
            System. out. println( );
        }
        //更新下标数组
        index[ currentRowNumber - 1 ] ++ ;
        for( int i = currentRowNumber - 1; i > 0; i -- ) {
            if( index[ i ] > = N ) {
```

```java
                index[i - 1] ++ ;
                index[i] = index[i - 1] + 1 ;//不和前面的向量
组合
            }
        }
        int i = 0 ;
        boolean hasFull = false ;
        for( i = currentRowNumber - 1 ; i > 0 ; i -- ) {
            if( index[i] = = N - ( currentRowNumber - i - 1 ) ) {
                index[i] = 0 ;
                hasFull = true ;
            } else {
                break ;
            }
        }
        if( hasFull ) {
            index[i] ++ ;
            for( i = 0 ; i < currentRowNumber - 1 ; i ++ ) {
                if( index[i + 1] < = index[i] ) {
                    index[i + 1] = index[i] + 1 ;
                }
            }
        }
        //判断是否完成该论判断
        if( index[0] == N ) { break ; }
    }
}
//输出计算结果相关统计信息
System. out. println( " --------------------------- " ) ;
System. out. println( " 顶点数:" + N ) ;
```

· 155 ·

System. out. println("该画廊最多需要" +n +"台摄像机");
System. out. println (" 最少需要" + Math. min (camera_
min,n) +"台摄像机!");
System. out. println(" ----------------------------") ;

5.3.5 艺术画廊问题解的判定——最终解

5.3.5.1 监视顶点与监视面域的关系

对于多边形内部或边界上的一组点，它们有可能可以监视到该多边形的所有顶点，也可能可监视到多边形内的整个区域。

可监视到所有顶点和可监视到多边形内的整个区域这两者之间有什么样的关系呢？如果一组点能监视到多边形的所有顶点，它们不一定能监视到该多边形内所有区域。如图 5.10 所示，顶点 1 和顶点 5 可以监视到多边形的所有顶点，但监视不到多边形内的全部区域。这里将不能被一组点的任何一个点监视到的多边形内的区域称为盲区。很显然，如果一组点能监视到多边形内部的全部区域，则它们必然能监视到多边形的全部顶点。

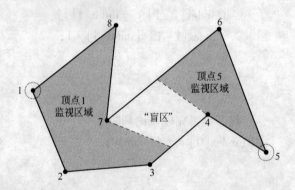

图 5.10 监视到所有顶点不一定监视到多边形全部区域

根据上面的语义，将能监视到顶点和能监视到多边形内整个区域这两个概念之间的关系用集合的概念表示出来，如图

5.11 所示。其中外面的集合表示"点集 S 能监视到多边形的所有顶点"。其中包含两个子集:"点集 S 只能监视到多边形的部分区域"和"点集 S 能监视到多边形的整个区域"。

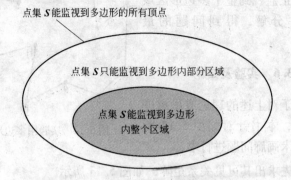

图 5.11　监视顶点和监视多边形区域的关系

　　因此,找到能够监视到多边形所有顶点的一个点集,并不意味着这一组点就能监视到多边形内整个区域,并不意味着找到了艺术画廊问题的一个解。而只是一个初步解。

　　为了得到艺术画廊问题的最终解,还必须对初步解进行筛选。筛选的方法就是对初步解进行多边形覆盖检验,如果初步解中所有点的可见区域能够覆盖整个多边形,则初步解就是艺术画廊问题的一个最终解,否则予以排除。

5.3.5.2　面域监视覆盖检验

　　这里所说的覆盖检验,就是检验用来放置摄像机的一组点在多边形内的可见区域的并是否能够覆盖整个多边形区域。如果能够覆盖整个多边形区域则为最终解;否则不是最终解。解决这个问题的最简单的办法就是先求出每一个点在多边形内的可见区域,本书采用文献［141］所叙述的方法求多边形中每个顶点的可见区域。然后求这些区域的并集。本书采用了文献［142］中使用的方法求出一组顶点的可见区域的并。将初步解

中每一组顶点的可见区域的并和
表示艺术画廊问题的多边形进行
比较，就可以排除掉初步解决中
不能真正监视到整个多边形区域
的一部分解，得到问题的最
终解。

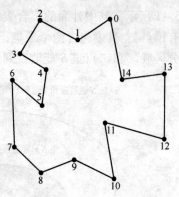

图 5.12　实验用多边形

5.3.6　实验及结论

为了对上述的理论或思想进
行验证，本书针对如图 5.12 所
示的艺术画廊问题进行求解。

首先求出其可见关系矩阵，如图 5.13 所示。

	0	1	2	3	4	5	6	7	8	9	10	11	12	13	14
0	1	1	0	0	1	1	0	1	1	1	0	1	0	0	1
1	1	1	1	1	1	1	0	0	1	1	1	1	1	0	1
2	0	1	1	1	1	0	0	0	0	1	1	1	1	0	1
3	0	1	1	1	1	0	0	0	0	0	0	0	0	0	1
4	1	1	1	1	1	1	0	0	1	1	1	1	1	0	1
5	1	1	0	0	1	1	1	1	1	1	1	1	1	0	1
6	0	0	0	0	0	0	1	1	1	1	0	0	0	0	0
7	1	0	0	0	0	1	1	1	1	1	0	1	0	1	1
8	1	1	0	0	1	1	1	1	1	1	0	1	0	0	1
9	1	1	1	0	1	1	1	1	1	1	1	0	0	0	1
10	0	0	1	0	1	1	1	0	0	1	1	0	0	0	0
11	1	1	1	0	1	1	1	0	1	1	0	1	1	1	1
12	0	1	1	0	0	0	0	0	0	0	0	1	1	1	1
13	0	0	0	0	0	0	1	0	0	0	0	1	1	1	1
14	1	1	1	1	1	0	1	1	1	1	0	1	1	1	1

图 5.13　可见关系矩阵

对该艺术画廊，首先求出了 2056 个初步解。在这些初步解
中，最少需要 2 个摄像机，最多需要 5 个摄像机。其中只需要
两台摄像机的候选方案有如下 7 个：

（9，14）；（10，14）；（5，14）；（6，14）；（1，7）；
（2，7）；（4，7）

经过覆盖检验得到的最终解有下面4个：

（9，14）；（10，14）；（5，14）；（4，7）

图5.14直观地显示了用基于顶点可见关系矩阵的解决方法所求得的艺术画廊问题的最终解。

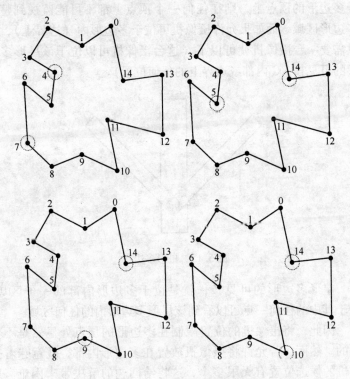

图5.14　艺术画廊问题的解

即该艺术画廊问题最少需要2台摄像机。由此可见，本书提出的艺术画廊问题解决方案，不仅可以回答一个艺术画廊最少需要多少台摄像机，而且还能将所有可能的具体的方案列举出来，以供决策者从中进行选择。

5.3.7 监视点可位于多边形内部或边界上的艺术画廊问题

上面讨论的是监视点位于多边形顶点上，监视整个多边形内部区域的经典的艺术画廊问题。其实，在一些情况下若监视点可放置于多边形内任意部位时，可进一步减少摄像机的数目。

例如，对于如图 5.15 所示的星形多边形如果摄像机必须位于多边形的顶点上，则在任何一个顶点上都不可能监视到整个多边形区域。而如果允许摄像机可位于多边形内（边界上），则只需要一台摄像机就可以了（这台摄像机可以位于该星形多边形的可见核 VC 内部或边界上的任何位置）。

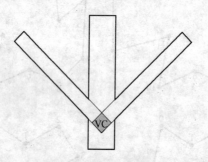

图 5.15　星形多边形

星形多边形的可见核，就是位于多边形内部的一子区域，位于其中的任何一点可以看到该星形多边形内的任何区域。

因此，将摄像机的位置限制在多边形的顶点处显然是不合理的。然而，若允许将摄像机放置在多边形内部，就意味着摄像机的候选位置有无限多个，这将给问题的解决带来困难。所以，必须在多边形内部有针对性地选择一些有代表意义的点作为摄像机的候选位置。在艺术画廊多边形中，具有代表性意义的点应该是一些边界点。例如，在图 5.15 中的星形多边形中，如果将可见核 VC 的 4 个顶点扩展进来就能求出该艺术画廊问题的最优解的基数为 1。为了不遗漏所有的具有代表性意义的关键点，选择多边形每一条边的延长线与多边形其他边（或延长线）

在多边形内部或边界上的所有交点作为扩展点。

在这种情况下利用本书提出的解决方案求解问题的解时，还要对可见关系矩阵进行扩展。也就是在原来的多边形顶点可见关系矩阵的基础上增加若干行，增加的每一行对应一个扩展点。可见关系矩阵的列保持不变，仍然是多边形的所有顶点。其他的求解过程基本类似于经典艺术画廊问题的求解过程，这里不再赘述。

艺术画廊问题被世界公认为一个 N-P 难题。本章首先对艺术画廊问题进行了介绍。在此基础上，详细论述了作者所提出的对艺术画廊问题的两种解决方案，即基于可见传播规则的解决方案和基于顶点可见关系矩阵的解决方案。

基于可见传播规则的艺术画廊问题解决方法。首先将多边形进行三角剖分。然后依据可见传播规则，求出每一个顶点可见的三角形，构造出顶点和三角形之间的可见关系表。最后，求出基数最后的一组或若干组顶点子集，这些顶点子集中的顶点所对应的可见关系表中的行向量的逻辑加运算结果为全"1"向量，也就是艺术画廊问题的解。

基于顶点可见关系矩阵的解决方案。首先判断表示艺术画廊问题的多边形的顶点之间的可见关系，并建立起可见关系矩阵，然后利用可见关系矩阵求出问题的初步解，再对初步解进行覆盖检验，筛选出问题的最终解。从而使得这一 N-P 难题得到了有效解决。今后有待于在多边形覆盖检验部分进行更加深入的研究。

6 计算几何与空间数据挖掘

6.1 概述

计算几何中已经有许多比较成熟的算法。如果能将它们应用于空间数据挖掘中，无疑将对空间数据挖掘的完善和发展起到积极的促进作用。

在知识发现系统中，为了从浩瀚的数据中发现有用的知识，一般都需要将事实数据库中的数据进行处理，或映射到高维特征空间，再在高维特征空间中运用数据挖掘的一些方法进行挖掘。特征空间中的一条记录，也就是特征空间中的一个点。进一步地，可以将特征空间或事实空间中的点映射到几何空间，从而用计算几何的一些方法或算法进行一些处理（也可能是初步的处理），然后再利用其他挖掘算法进行挖掘，这样有可能提高挖掘的效率。另外，还可以避免一些组合爆炸问题。

6.2 凸壳与空间数据分类

目前，在很多现代数据库应用系统中，如多媒体数据、医学影像、时间序列分析、分子生物学等领域，多维数据集越来越流行。通过特征变换，复杂的对象被映射到多维空间中的向量，而用向量之间的距离来衡量相应的对象之间的相似程度。

针对多维数据集，Pier Luca Lanzi 和 Stewart W. Wilson 于 2006 年在 ACM GECCO 国际会议上发表了一篇文章[136]，提出了一种新颖的基于凸壳的分类条件表示方法。

在这种方法中，用问题空间中的一组点来表示一个分类条件。这些点确定的凸壳描述了问题空间中的一个凸的区域，而这个条件符合属于该区域内的所有个体，从而打破传统的基于距离的（如以规则的球形或超球空间来表示）分类条件表示方法。

分类条件表示为问题空间中的一个点集，而该点集的凸壳界定了问题空间中的一个凸的区域。凡是属于该凸壳内的点的条件均符合该分类的条件。

用凸壳表示分类条件的方法，在涉及到的数据点比较少的情况下，聚类的聚合速度比基于距离的方法快。但当数据点比较多时，用于表示分类条件的凸壳点的数量就会增加，聚合的速度就会下降。

6.3 基于 Delaunay 三角网的可视化空间数据聚类

空间数据挖掘（Spatial Data Mining）是指从海量的空间数据库（数据仓库）中提取隐含的、非平凡的、先前未知且潜在有用的空间规则（空间关联规则、空间特征规则、空间区分规则、空间演变规则、空间拓扑规则等）的过程，它是数据挖掘的一个重要分支。空间聚类分析是空间数据挖掘中的一种重要的方法。它不仅可以作为一种独立的工具来发掘数据的分布规律，而且可以作为其他数据挖掘方法的数据预处理过程。

空间邻近关系是 GIS 中的一种重要的空间关系，在自然地表内插、空间邻近查询以及地形特征线的提取方面有很多应用[133]。Delaunay 三角网（也称 Delaunay 三角剖分）是一种不规则三角网（Triangulated Irregular Network，TIN），通常用在数字地表的建模中，通过从不规则分布的数据点生成连续的三角面来逼近地形表面。Delaunay 三角网是最近点意义上的 Voronoi 图的对偶图，是平面点集的一种三角剖分，其中每一个三角形的外接圆不包含点集中的其他任何点[1]。

Delaunay 三角网可以直接描述空间目标之间的邻近关系，并且数据结构较为简单，对于复杂的空间目标，也能够比较容易地生成其（约束）Delaunay 三角网。因此利用 Delaunay 三角网来描述空间邻近关系并进行推理是一种很好的方法[133]。

平面点集 Delaunay 三角剖分目前已经有很多比较成熟的算

法。本书基于 Delaunay 空间邻近关系提出并实现了一种新的基于空间邻近关系的可视化聚类算法。

6.3.1 算法的基本思想

6.3.1.1 相关定义

在 Delaunay 邻近关系中最重要的就是一阶 Delaunay 邻近关系。为了刻画一阶 Delaunay 邻近关系的程度，这里首先给出一阶 Delaunay 邻近距离和一阶 Delaunay 邻近度的定义：

定义 6.1 （一阶 Delaunay 邻近距离）：设 A 和 B 是离散空间点集 P 中的点，并且是一阶 Delaunay 邻近的，$A(xA, yA)$ 和 $B(xB, yB)$ 的一阶 Delaunay 邻近距离就是 A 和 B 的欧氏距离。即：

$$d_1(A, B) = \sqrt{(x_B - x_A)^2 + (y_B - y_A)^2}$$

定义 6.2 （一阶 Delaunay 邻近度）：设 A 和 B 是离散空间点集 P 中的点，并且是一阶 Delaunay 邻近的，A 和 B 的一阶 Delaunay 邻近度为：

$$\delta_1(A, B) = \frac{\text{MaxLength} - d_1(A, B)}{\text{MaxLength}}$$

其中：

$$\text{MaxLength} = \text{MAX}(d_1(X, Y) \mid X, Y \in P)$$

依上面的公式可以看出，一阶 Delaunay 邻近度 $\delta \in [0, 1]$。由于一阶 Delaunay 邻近度消除了量纲，因此更能客观地描述一阶 Delaunay 邻近的程度。

6.3.1.2 算法的基本思想

Delaunay 三角网中的每一条边就是一个一阶 Delaunay 邻近关系，边的长度和一阶 Delaunay 邻近度成反比。边的长度越大，一阶 Delaunay 邻近度越小，反之亦然。

该算法就是先利用平面点集 Delaunay 三角剖分算法得到每一个三角形，然后计算出 Delaunay 三角网中的不重复边集，从而得到空间邻近关系。在计算机屏幕上首先显示出平面点集 **P** 中的所有顶点和一阶 Delaunay 邻近度大于某一任意阈值 θ 的 Delaunay 边。在显示的图形中，如果两个点有直线段相连，在视觉上连在一起，则为一类。这样当用户通过拖动滑动条来调整阈值 θ 的时候就会将一阶 Delaunay 邻近度小于某一阈值 θ 的边过滤掉（不显示出来），剩下强 Delaunay 邻近关系。因此用户可以首先直观地看到聚类的结果是否满意并动态调整，从而实现可视化聚类的效果。

6.3.2 算法的设计与实现

6.3.2.1 算法的设计

根据上面的基本思想，设计的可视化聚类算法如下：

算法名称：基于空间邻近关系的可视化聚类算法

输入：平面点集 **P**

输出：带有聚类标识号的平面点集 **P′**

算法过程：

step 1：计算平面点集 **P** 的 Delaunay 三角网，得到 Delaunay 三角形的集合 **S**；

step 2：提取 **S** 中的每一个 Delaunay 三角形的边，并去除重复的边，得到平面点集 **P** 的一阶 Delaunay 邻近关系 R（即 Delaunay 三角网中的所有边的集合）；

step 3：计算 Delaunay 邻近关系 R 中的每一条边的长度 length 和每对邻近点的邻近度 δ；

step 4：设置一个初始的一阶 Delaunay 邻近度阈值 θ（用户可以拖动滑动条来调整）；

step 5：用户调整一阶 Delaunay 邻近度阈值 θ；

step 6：显示平面点集 **P** 中的点和 Delaunay 邻近关系 R 中一阶 Delaunay 邻近度大于 θ 的边，并观察结果是否满意。若满意则转 step 7，否则转 step 5；

step 7：标识聚类，即将视觉上连成一片的点标识为同一个类。可视化输出聚类结果，算法结束。

该算法是一个不断迭代的过程，离不开用户的参与。整个聚类过程的完成是在用户与计算机不断交互过程中进行的。

6.3.2.2 算法的实现

本算法在 Jbuilder 9，VC++6 和 Matlab 7.0.1 中实现。

如图 6.1 所示为该算法执行过程中的截图。当用户调整一阶 Delaunay 邻近度阈值 θ 时，会显示出不同的视觉形态。

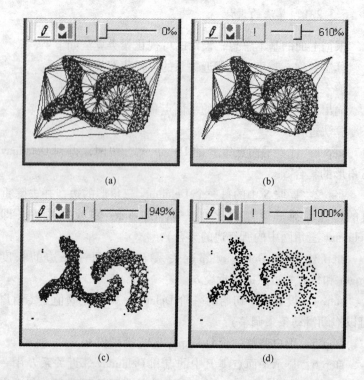

(a)

(b)

(c)

(d)

图 6.1 一阶 Delaunay 邻近度阈值 θ 取不同值时的聚类结果

(a)—$\theta=0$；(b)—$\theta=61.0\%$；(c)—$\theta=94.9\%$；(d)—100.0%

由图 6.1 的可视化聚类过程可以看出，当一阶 Delaunay 邻近度阈值 $\theta = 0$ 时所有的一阶 Delaunay 邻近关系都会被显示出来，点集中所有的点由邻近关系（图中的线段）连成一片；随着 θ 的增大，弱邻近关系会不断被去除，只剩下强邻近关系；当 $\theta = 950\%o$ 时聚类效果比较满意，这时就可以进行下一步的操作，即对平面离散点集中的点标识类别。

6.3.2.3 标识聚类

标识聚类的过程就是从平面点集 P 的一阶 Delaunay 邻近关系 R 中筛选出一阶 Delaunay 邻近度大于等式邻近度阈值 δ 的邻近关系，得到强 Delaunay 空间邻近关系 R'，扫描 R' 中的每一个二元关系（线段）$(A，B)$，并将该二元关系所关联的两个点 A 和 B 归为一类。

这里有四种情况需要考虑：

（1）A 和 B 均没有类标号，将产生一个新的类标号赋予 A 和 B；

（2）其中有一个已经有类标号，将一已经标识过的点的类标号赋予另一个点；

（3）A 和 B 均有类标识号并且类标号相同，这种情况下不需要做任何处理；

（4）A 和 B 均标识类，但不属于同一个类，这时需要合并两个类，即将 $B(A)$ 的标号从已用类标号中删除，并将所有标号等于 $B(A)$ 的点的类标号赋予 $A(B)$ 的类标号。

这样，只需将邻近关系中的所有元组扫描一遍，就可以完成聚类标识。完成后聚类标识后还要用可视化的方式显示聚类标识结果。

该算法在显示聚类结果时能够根据聚类数的多寡动态生成差别最大的颜色构成一个颜色数组，并为每个聚类自动分配一个不同的颜色。如图 6.2 所示为聚类结果的可视化显示效果。

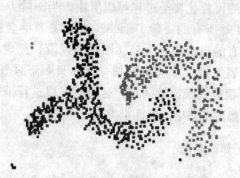

图 6.2 聚类结果的可视化显示

6.3.3 算法效率与特点分析

6.3.3.1 算法执行效率

本算法的执行依赖于 Delaunay 三角剖分的求解。目前，对 Delaunay 三角剖分的性质和算法的研究已较成熟，方法也较多[134]。

Delaunay 三角剖分算法的执行效率是比较快的。当执行完剖分算法后，得到的是一个个三角形，要获得一阶 Delaunay 邻近关系，只需扫描一遍所有的三角形并将三角形的每一条边加入到一个表中，再利用 SQL 查询语言，过滤掉重复的边，就得到一阶 Delaunay 邻近关系。这一过程的时间复杂性都是线性的，效率比较高。

在和用户交互确定邻近度阈值时，只是将 Delaunay 邻近关系中的强邻近关系筛选出来，并显示在计算机屏幕上，这个过程如同显示矢量地图一样，也是比较快的。

在算法的最后一步（也就是第七步），当用户确定了邻近度阈值后，要进行聚类的标识。该过程也只需对筛选出的强邻近关系中的每一个元组扫描一遍即可，时间复杂度也是线性的。

总之，该算法除了 Delaunay 三角剖分这一步外，其余的每一步时间复杂度都是线性的，执行的效率比较高，比较适合于海量空间数据点集的聚类。

6.3.3.2　算法特点

通过上面的分析可以看出，该聚类算法具有如下的优点：

（1）利用了比较成熟的 Delaunay 三角剖分算法，算法的执行速度比较快。适合于处理比较大型的空间数据库。

（2）无需用户事先指定聚类参数的阈值，阈值的确定是在与用户的交互过程中确定的，这样减轻了用户的使用负担。

（3）它是一种可视化的聚类算法，在视觉上连成一片的数据点就理所当然地归为一类，所见即所得。

（4）能自动地发现离群点。算法结束后，类标识号没有修改过的数据点，就是离群点，被自动地归为一类，具有初始的类标号 0。

（5）能发现任意形状的聚类。该类算法实质上是一种基于距离的聚类算法，在空间上相对邻近的数据点聚为一类。

6.4　基于 Delaunay 三角网的高维空间数据聚类

Padmavathi Mundu，Yong Rao 和 Yelena Yesha 于 2005 年提出了一种新的基于 Delaunay 三角剖分的高维空间数据聚类算法，并将其成功地应用于视频帧的多维特征数据的聚类[135]。先前的聚类技术依赖于用户的输入，而让用户确定一些参数往往是比较困难的，聚类的质量也依赖于用户的输入。例如，目前使用的大多数的聚类技术，需要用户预先指定聚类数或阈值参数。这些参数大多需要经过若干次重复试验和错误后才能得到。这类参数对于大数据集来说代价是很高的。在获得高质量的聚类之前，往往需要若干次的迭代，效率比较低下。相反，这种基于 Delaunay 三角剖分的高维空间数据聚类算法却无需用户指定参数，非常适合于大数据集的自动化聚类分析。

6.4.1 算法的基本思想

将视频中的每一帧图像通过特征提取映射为高维特征空间中的一个数据点，然后在特征空间中生成 Delaunay 三角网。这样，各个帧之间的相似关系就转换为特征空间中数据点之间的空间邻近关系。

一个点集的 Delaunay 三角网是著名的 Voronoi 图的对偶图，Voronoi 图将空间划分成一个个的单元，数据点 x 所在的单元中的任意一点到 x 的距离比到其他任何数据点的距离都近。Delaunay 三角网中的一条边连接 a、b 两点，当且仅当该 Voronoi 图中包含的两点 a 和 b 共享一条公共边界。因此，Delaunay 三角网中的边描述了空间相似性。

一个点集的 Delaunay 三角网是唯一的，并且具有额外的特征，那就是，Delaunay 三角网中任意的一个三角形的外接圆（对于一般的 n 维空间来说就是外接超球）中不包含任何其他数据点。

在这种基于 Delaunay 三角剖分的高维空间数据聚类算法中，将特征空间中 Delaunay 三角剖分中的边分为两种类型：类内边（Intra Edges）和类间边（Inter Edges）。前者连接一个聚类中的点，而后者连接不同聚类中的点。类间边反映了图的不连续性并作为分割边。将类间边被标识出来并被去除后，聚类处理过程就结束了。

用该聚类算法进行数据聚类时可大体分为两个阶段：DT 建模和分割聚类。DT 建模就是对特征空间点集运用 Delaunay 剖分算法计算出所有的 Delaunay 边。分割聚类就是按照一定的度量确定并去除类间边。建立模型与分割聚类的过程如图 6.3 和图 6.4 所示。

6.4.1.1　DT 建模

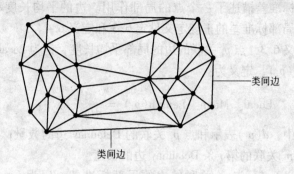

类间边

类间边

图 6.3　DT 建模

6.4.1.2　分割聚类

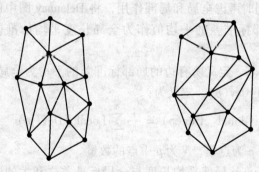

图 6.4　去除类间边

6.4.2　该算法的相关定义

在基于 Delaunay 三角剖分的高维空间数据聚类算法中，检测分割边（类间边）的方法是基于这样的观察：与类间边相连的点所关联的边的长度变化较大，因为它们连接聚类内的边和聚类间的边。直观上，类间边比类内边更长。对于 Delaunay 三角网中的每一个点，计算每一条边的长度，并计算该点关联的所有边的局部平均长度和标准差（称为局部标准差）。平均长度和局部标准差描述了一个点的局部作用。边的平均长度和每一个点的局部标准差的正规定义见定 6.3 和定义 6.4。

定义 6.3　点 p_i 关联的边的局部平均长度，记为 Local_Mean_Length(p_i)，定义为：

$$\text{Local\_ Mean\_ Length}(p_i) = \frac{1}{d(p_i)} \sum_{j=1}^{d(p_i)} |e_j|$$

其中，$d(p_i)$ 表示和点 p_i 关联的 Delaunay 边的数量；$|e_j|$ 表示和点 p_i 关联的第 j 条 Delaunay 边的长度。

定义 6.4　点 p_i 关联的边的局部标准差，记为 Local_Dev(p_i)，定义为：

$$\text{Local\_ Dev}(p_i) = \sqrt{\frac{1}{d(p_i)} \sum_{j=1}^{d(p_i)} (\text{Locan\_ Mean\_ Length}(p_i) - |e_j|)^2}$$

为了同时考虑全局和局部作用，将 Delaunay 图中的所有点的平均局部标准差的平均值作为全局长度平均标准差，见定义 6.5。

定义 6.5　定义所有边的局部标准差的平均为全局标准差，记为 Global_Dev(p)，定义为：

$$\text{Global\_ Dev}(p) = \frac{1}{N} \sum_{i=1}^{N} \text{Local\_ Dev}(p_i)$$

其中，p 为点集，N 为 p 中点的数量。

所有长度比局部平均长度与全局标准差之和大的边归为类间边（见定义 6.7），构成聚类间的分割边。根据一个点的平均边长和平均标准差，短边和分割边的正规定义点定义 6.6 和定义 6.7。

定义 6.6　一条短边，记为 Short_Edge(p_i)，定义为：

$$\text{Short\_ Edge}(p_i) =$$
$$\{e_j \mid |e_j| < \text{Local\_ Mean\_ length}(p_i) - \text{Global\_ Dev}(p)\}$$

定义 6.7　一条分割边（类间边），记为 Separating_Edge

(p_i)，定义为：

$$Separting\_ Edge(p_i) = \{e_j | |e_j| > Local\_ Mean\_ length(p_i) +$$
$$Global\_ Dev(p)\}$$

6.4.3 算法描述

包括产生聚类的算法步骤如下：

（1）生成多维数据点集的 Delaunay 三角网络；

（2）计算每一个点所关联的每一个条边的长度；

（3）计算每一个点所关联的边的平均长度；

（4）计算每一个点所关联的边的局部标准差；

（5）计算全局标准差（局部标准差的平均）；

（6）将长度大于局部平均长度与全局标准差之和的所有边标记为类间边；

（7）去除类间边得到 Delaunay 聚类。

计算 Delaunay 三角网的时间复杂度为 $O(nlgn)$，类内边和类间边的标记可以在 $O(n)$ 时间内完成。因此整个算法的时间复杂度为 $O(nlgn)$。

第 6 章探讨了计算几何方法在空间数据挖掘中的应用。提出了一种基于空间邻近关系的可视化的空间聚类算法。该算法首先利用 Delaunay 三角剖分，得到空间点集中相邻点之间的邻近关系，并得到最大和最小邻近距离，用户可以拖动滚动条调整距离阈值，调整距离阈值后可以在各个侧面观察较强的紧邻关系对数据点的连接状况，可视化地选择阈值。而后进行类的标识，将用强邻近关系关联起来的数据点标识为同一聚类，并对标识出的不同聚类进行着色，从而完成整个聚类过程。另外，本章还对其他计算几何方法在空间数据挖掘中的应用情况进行了介绍。如何更多更好地将计算几何中的现有方法应用于空间数据挖掘中，是需要进一步深入研究的问题之一。

本书首先对计算几何以及空间数据挖掘两个方面当前的研究

发展现状进行了综述,并对计算几何方法在空间数据挖掘方面的应用进行了论述。主要阐述了作者在相关方面所作出的研究成果。

针对海量平面点集的凸壳问题设计出了城墙快速搜索算法。利用该算法可快速地从数据库中的海量数据集中提取出与凸壳计算密切相关的一个数据子集。在该子集上进一步运用其他凸壳算法,就可以快速地计算出整个海量平面点集的凸壳。

设计并实现了一种快速凸壳算法。该算法首先计算 8 个方向上的极大值点,然后对平面点集进行扫描,在判断每个点是否为内点的同时,将外点和每一条凸壳边相关联并得到每一条边的最远点的信息;最后分别对每一条初始凸壳边进行处理,从而快速地实现了凸壳的计算。

提出并实现了两种平面点集的近似凸壳算法:点集坐标旋转法(PSCR)和多方向极值法(MDEV)。PSCR 算法比较适合于海量数据的情形。它每一次从数据库中查询出一个方向上的极值点,旋转一周后得到平面点集的近似凸壳。MDEV 算法在研究 8 个象限中方向的极值表达式的基础上,首先,根据每个象限中插入的方向数生成方向对象数组,存储每个方向上的极值表达式及相关极值点信息;然后通过对数据集的一次扫描,就可以找到每一个方向上的两个极值点,最后装配成近似凸壳。MDEV 算法由于避免了计算代价较高的三角运算等从而使得效率比 PSCR 算法要高得多。

设计并实现了一种任意多边形的单调剖分算法。该剖分算法首先对多边形的每一个点进行判定,判断出内凸的极值点,用单源射线法求出每一个内凸极值点上沿突出方向上的最近的交点,并从此极值点和该交点处将多边形进行一次剖分。每一次剖分都使得非单调点减少一个,直到每一个剖分块都成为单调多边形时算法结束。

对待艺术画廊问题这一公认的 NP-难题,提出了两种解决经典艺术画廊问题的方案。第一种方法是基于可见传播规则的艺术画廊问题解决方法,首先,该方法将多边形进行三角剖分,然后，利用可见传播规则求取每个顶点的连续可见三角形，建立顶点与三角形之间的可见关系表，最后，从少到多地搜索可监视到所有三角形的顶点组合，从而求出艺术画廊问题的解，这种方法在大多数情况下都可以得到最优解。第二种方法，首先，对表示艺术画廊的多边形建立顶点可见关系矩阵，利用行向量的组合从少到多求解出可监视多边形各个顶点的所有顶点组合，从而得到问题的初步解。然后，对每一个候选解进行覆盖检验而得到最终解。该解决方案不仅能回答需要的最少的摄像机台数的问题，还能给出各种可能的摄像机放置方案，以供用户选择更合适的方案。

提出了一种基于空间邻近关系的可视化的空间聚类算法。该算法首先利用 Delaunay 三角剖分方法得到空间点集中相邻点之间的邻近关系，并得到最大和最小邻近距离，用户可以拖动滚动条调整距离阈值，调整距离阈值后可以在各个侧面观察较强的紧邻关系对数据点的连接状况，可视化地选择阈值。而后进行类的标识，将用强邻近关系关联起来的数据点标识为同一聚类，并对标识出的不同聚类进行着色，从而完成整个聚类过程。

计算几何和空间数据挖掘都是比较新的研究领域。寻找对一些问题更好的计算几何算法、更多地将计算几何方法运用到空间数据挖掘中，这将是今后要继续不断地研究的富有挑战性的研究方向。

参 考 文 献

[1] 周培德. 计算几何——算法设计与分析[M]. 第2版. 北京：清华大学出版社，2005.

[2] Berg M de, Kreveld M van, Overmars M, Schwarzkopf O. 邓俊辉译. 计算几何——算法与应用[M]. 北京：清华大学出版社，2005.

[3] Berg M de, Kreveld M van, Overmars M, Schwarzkopf O. Computational Geometry Algorithm and Application[M]. Second Edition. New York：Springer Verlag Berlin Heidelberg USA, 2000.

[4] Chand D R, Kapur S S. An Algorithm for Convex Polytopes. Assoc. Comput. 1970, 17：78~86.

[5] Graham R L. An Efficient Algorithm for Determining the Convex Hell of a Finite Planar Set. Inform Process. 1972, Lett. 1：132~133.

[6] 陈永成，高士均. 丹江口水库及邻区地壳应力场的基本特征[J]. 地壳形变与地震，1995, 15(1):71~79.

[7] Preparata F P, Hong S J. Convex Hulls of Finite Sets of Points in Two and Three Dimensions. Comm. ACM, 1977, 2(20):87~93.

[8] 刘纪远，王新生，庄大方，等. 凸壳原理用于城市用地空间扩展类型识别[J]. 地理学报，2003, 58(6)~885~892.

[9] 张立华，徐文立. 基于凸壳的透视变换下的点模式匹配方法[J]. 自动化学报，2002, 28(2):306~309.

[10] 彭认灿，王家耀，田震. 基于凸壳构造技术的领海基点选取问题研究[J]. 测绘学报，2005, 34(1):53~57.

[11] Yao A C. A Lower Bound to Finding Convex Hulls[J]. J ACM, 1981, 28(4):780~787.

[12] Edelsbrunner H. Algorithms in Combinatorial Geometry [M]. Berlin：Springer-Verlag, 1987.

[13] 杨炳儒. 知识工程与知识发现[M]. 北京：冶金工业出版社，2000.

[14] Lent B. Discovering Trends in Text Databases. Proceedings of the Third International Conference on Knowledge Discovery and Data Mining[M]. Newport Beach, CA：AAAI Press, 1997.

[15] Fayyad U. Knowledge Discovery and Data Mining Towards a Unifying Framework. KDD-96 Proceedings[C]. Second International Conference on Knowledge Discovery and Data Mining, 1996：82~87.

[16] Yang Bingru. FIA and CASE Based on Fuzzy Language Field. Fuzzy Sets and Systems

[J]. North-Holland, 1998, 95(1): 83~89.

[17] Yang Bingru. A Type of Language Field Integrated Algorithm Used for Analysis and Control of Complicated System[J]. Journal of System Engineering and Electronics, 1998, 9(1): 66~76

[18] Yang Bingru. KD (D&K) And Double-Bases Cooperating Mechanism[J]. Journal of System Engineering and Electronics, 1999, 10(2):48~54.

[19] Sun Haihong, Jiang Hong, Tang Jing, Yang Bingru. A Quick Algorithm for Mining Exceptional Rules[J]. Journal of Systems Engineering and Electronics, 2002, 13 (2):71~77.

[20] Yang Bingru, Tang Jing. Indeterminacy Causal Inductive Automatic Reasoning Mechanism Based on Fuzzy State Description[J]. Journal of Systems Engineering and Electronics, 2002, 13(2):64~70.

[21] 杨炳儒, 王建新. KDD 中双库协同机制研究(Ⅰ)[J]. 中国工程科学, 2002, 4 (4): 41~51.

[22] 杨炳儒, 王建新, 孙海洪. KDD 中双库协同机制研究(Ⅱ)[J]. 中国工程科学, 2002, 4(5): 34~43.

[23] 陈述彭, 陈秋晓, 周成虎. 网格地图与网格计算[J]. 测绘科学, 2002, 27 (4):1~7.

[24] 邸凯昌. 空间数据挖掘与知识发现[M]. 武汉: 武汉大学出版社. 2000.

[25] 汤国安, 赵牡丹. 地理信息系统[M]. 北京: 科学出版社. 2000.

[26] 杨炳儒. 知识工程与知识发现[M]. 北京: 冶金工业出版社. 2000.

[27] 蒋良孝, 蔡之华. GIS 数据库中的数据挖掘[J]. 计算机工程与应用, 2003, 18: 202~204.

[28] Fayyad U, Piatetsky-Shapiroetal. From datamining to knowledge discovery: Anoverview.

[29] 刘南, 刘仁义. Web GIS 原理及其应用[M]. 北京: 科学出版社, 2002.

[30] Chrisman N C. Exploring Geographic Information Systems[M]. New York: John Wiley & Sons, 1997.

[31] 陈中祥, 岳超源. 空间数据挖掘的研究与发展[J]. 计算机工程与应用, 2003, 3: 5~7.

[32] Jiawei Han, Micheline. 范明, 孟小峰等译. 数据挖掘概念与技术[M]. 北京: 机械工业出版社. 2001.

[33] 邹力鹍, 王丽珍, 何倩. 空间数据挖掘发展研究[J]. 计算机工程与应用, 2003, 11: 186~188.

[34] 王孝通, 王浣尘, 瞿学林, 郑海, 李天伟. 基于 R 树面向对象的航海资料数据模型[J]. 中国航海, 1998, 43: 16~22.

[35] Berchtolds, Keim D A, Kriegel H P. The X-tree: an Index Structure for High-dimensional Data[A]. Int. Conf. on Very Large Data Bases[C]. 1996.

[36] 邸凯昌. 空间数据发掘和知识发现的理论和方法[M]. 武汉:武汉测绘科技大学, 1999.

[37] Han J, Fu Y. Exploration of the Power of Attribue-oriented Induction in Data Mining. Advances in Knowledge Discovery and Data Mining. Menlo Park, CA: AAAI MIT press, 1996.

[38] Holsheimer M, Kersten M. Architectural Support for Datamining. CWI Tech Rep: CS-R9429, 1994.

[39] Matheus C J, Chan P Ketal. Systems for Knowledge Discovery in Databases. IEEE Transon Knowledge and Data Engineering, 1993.

[40] Han Jetal. Asystem Prototype for Spatial Datamining. Proc ACM-SIGMOD Conf Management of Data, AZ, USA, 1997.

[41] Aref W G, Samet H. Extending DBM Swith Spatial Operations. Proc. 2nd Symp SSD'91, Zurich, Switzerland, 1991.

[42] 蒋良孝, 蔡之华. 空间数据挖掘的回顾与展望[M]. 计算机工程, 2003, 29(6): 9~10.

[43] Ng R, Han J. Efficient and Effective Clustering Method for Spatial Datamining. In: ProcofInt'l Conf VLDB, San Francisco, CA: Morgan Kaufmann, 1994.

[44] Ester M, Kriegel H P, et al. Knowledge Discovery in Large Spatial Databases: Focusing techniques for efficient class identification. Advances in Spatial Databases, Proc. of 4th Symp SSD'95, Berlin: Springer-Verlag, 1995.

[45] Zhang Tetal. BIRCH: An Efficient Data Clustering Method for Very Large Databases. Proc of ACM-SIGMOD Int'l Conf on Management of Data. ACM, NewYork, 1996.

[46] Xu Xetal. Adistribution-based Clustering Algorithm Formining in Large Spatial Databases. Proc. of ICDE'98, Florida, USA, 1998.

[47] Ester M, Kriegel H Petal. Adensity-based Algorithm for Discovering Clusters in Large spatial databases with noise. Proc. 2nd Int'l Conf on Knowledge Discovery and Data Mining. Oregon: AAAI Press, 1996.

[48] 周水庚, 范晔, 周傲英. 基于数据取样的 DBSCAN 算法[J]. 小型微型计算机系统, 2000, 21(12): 1260~1274.

[49] 周水庚, 周傲英, 曹晶, 胡运发. 一种基于密度的快速聚类算法[J]. 计算机研究与发展, 2000, 37(11): 1287~1292.

[50] 邸凯昌, 李德仁, 李德毅. 从空间数据库发现聚类:一种基于数学形态学的算法[J]. 中国图像图形学报, 1998, 3(3): 173~178.

[51] 王鹏, 曾振柄, 谢千河. 采用蚁群爬山法进行聚类分析的算法[J]. 计算机工

程，2003，29(10)：79~80.

[52] 李侃，高春晓，刘玉树. 基于 SVM 的空间数据库的层次聚类分析[J]. 北京理工大学学报，2002，22(4)：485~488.

[53] 周水庚，周傲英，曹晶. 基于数据分区的 DBSCAN 算法[J]. 计算机研究与发展，2000，37(10):1152~1159.

[54] 陈元谱，尹建伟，董金祥. 基于可能性理论的聚类分析[J]. 计算机工程与应用，2003，13:85~87.

[55] 李侃，高春晓，刘玉树. 基于 SVM 的空间数据库的层次聚类分析[J]. 北京理工大学学报，2002，22(4):485~488.

[56] 马帅，王腾蛟，唐世渭，杨冬青，高军. 一种基于参考点和密度的快速聚类算法[J]. 软件学报，2003，14(6):1089~1095.

[57] 刘必红，符红光. 快速发现任意形状的聚类[J]. 计算机应用，2002，22(4):22~24.

[58] 李丹，高丽. 空间数据挖掘技术[J]. 湖北汽车工业学院学报，1999，13(3):41~44.

[59] Fayyad U M, Piatetsky-Shapiro G, Smyth Petal. Advances in Knowledge Discovery and Data Mining[M]. Menlo Park, CA: AAAI/MIT Press, 1996.

[60] Quinlan J R. Induction of Decision Trees. Machine Learning, 1986.

[61] Safavian S R, Landgrebe D. A Survey of Decision Tree Classifier Technology. IEEE Transactionson Systems, Manand Cy-bernetics, 1991.

[62] Ester M, Kriegel H, Petal. Spatial datamining: A database approach. Proc Int'l Sympon Large Spatial Databases (SSD'97), Berlin, Germany, 1997.

[63] Ng R T, Yu Y. Discovering Strong, Common and Discriminating Characteristics of Clusters from the Maticmaps. Proc. of the 11th Annual Sympon Geographic Information Systems. 1997.

[64] Koperski K, Han Jetal. An Efficient Two-step method for Classification of Spatial Data, Proc Int'l Sympon Spatial Data Handling SDH'98, Vancouver, BC, Canada, 1998.

[65] 蔡之华，李宏，胡军. 空间分类规则挖掘的一种决策树算法[J]. 计算机工程，2003，29(11):74~75.

[66] 石云，孙玉芳，左春. 基于 RoughSet 的空间数据分类方法[J]. 软件学报，2000，11(5): 673~678.

[67] 石云，孙玉芳，左春. 空间数据采掘的研究与发展[J]. 计算机研究与发展，1999，36(11):1303~1309.

[68] 李德仁，王树良，史文中，王新洲. 论空间数据挖掘和知识发现[J]. 武汉大学学报，2001，26(6): 491~499.

［69］ Koperski K, Han J. Discovery of Spatial Association Rules in Geographic Information Databases. Proc 4th Int'l Sympon Large Spatial Databases (SSD'95), Portland, Maine, 1995.

［70］ 李德仁，王树良，李德毅，王新洲. 论空间数据挖掘和知识发现的理论与方法 [J]. 武汉大学学报，2002，27(3)：221~233.

［71］ 朱建秋，张晓辉，蔡伟杰，朱扬勇. 数据挖掘语言浅析. http：//www. sqlmine. com/ warehouse /htm/40. htm.

［72］ 毛克彪，田庆久. 空间数据挖掘技术方法及应用[J]. 遥感技术与应用，2002，17(4)：198~204.

［73］ M Ester, Alexander Frommelt, et al.. Spatial Data Mining：Database Primitives, Algorithms and Efficient DBMS Support. Data Mining and Knowledge Discovery, 2000.

［74］ Re Miase, Sheikholeslamig, Zhang A D, et al.. Supporting Content-based Retrieval in Large Image Database. Surreys：Advances in KDD 1996.

［75］ Lipski W J. On Databases with Incomplete Information[J]. Journal of ACM, 1981, 28(1)：41~70.

［76］ Kent J T, Merdia K V. Spatial Classification Using Fuzzy Membership Model [J]. IEEE Transactionson Pattern Analysis and Machine Intelligence, 1988, 10 (5)：659~701.

［77］ Curtis E Woodcock, Sucharita Gopal. Fuzzy Set Theory and Thematic Maps：Accuracy Assessment and Area Estimation[J]. International Journal of Geographical Information Science, 2000, 14(2)：153~172.

［78］ Bruin S De. Querying Probabilisticl and Cover Data Using Fuzzy Set Theory [J]. Int. J. Geographical information science, 2000, 14(4)：1365~8816.

［79］ Burrough P A, McDonnell R A. Principles of Geographical Information Systems[M]. London：Oxford University Press, 1998.

［80］ 李建，吕学斌，张俊峰. 空间数据挖掘理论与方法探讨[J]. 电脑与信息技术，2002，5：21~24.

［81］ Li Deyi. Knowledge Representation in KDD Based on Linguistic Atoms. Singapore：lst Pacific-Asia Conf. on KDD&DM, 1997.

［82］ 李德毅，史雪梅，孟海军. 隶属云和隶属云发生器[J]. 计算机研究与发展，1995，32(6)：15~20.

［83］ Shafer G. A Mathematical Theory of Evidence[M]. Princeton：Princeton University Press, 1976.

［84］ Jian-Bo Yang, Singh M G, Singh. An Evidential Reasoning Approach for Multiple – Aitribute Decision Making with Uncertainty[J]. IEEE Transactions on System, Man, and Cybernetics, 1994, 21(1)：1~18.

[85] Smets P, Probability, Possibility, belief: who and where, 1999.

[86] Smets P. Imperfect information: Imprecision & Uncertainty UMIS-Var Unc, 1999.

[87] Dubois D, Prade H, Smets P. New Semantics for Quantitative Possibility Theory. 2nd International Symposium on Imprecise Probabilities and Their Applications, New York, 2001.

[88] Muller B, Rrinhardt J. Neural Networks: an Introduction. Berlin: Springer-Veriag, 1997.

[89] Lee E S. Neuro-fuzzy Estimation in Spatial Statistics[J]. Journal of Mathematical Analysis and Aplications, 2000, 249(1):221~231.

[90] Buckless B P, Petry F E. Genetic Algorithms [J]. California: IEEE Computer Press, 1995.

[91] 骆剑承, 周成虎, 马江洪. 遥感影像特征发现的稳健统计模型研究[J]. 中国图像图形学报. 1999, 4[A](11):952~956.

[92] 余达太, 蓝荣钦, 张世涛, 关爱杰. 空间数据挖掘的方法和实施[J]. 测绘学院学报, 2003, 20(2):132~134.

[93] Mohan L, Koshyap R L. An Object-oriented Knowledge Representation for Spatial Information. IEEE Transion Software Engineering, 1988, 14(5): 675~681.

[94] Han J, Nishio S, Kawano H. Knowledge Discovery in Object-oriented and Active Databases. In: FuchiF, Yokoi Teds. Knowledge Building and Knowledge Sharing, Ohmsha/IOSPress, 1994.

[95] 王宇翔, 张燕, 杨崇俊. 地图数据库研究[J]. 地理科学进展, 2001, 20(增刊):69~75.

[96] 程彬. ORACLE 8i Spatial 空间数据仓库空间数据特性简析[J]. 电脑开发与应用, 2002, 15(9):6~7.

[97] Krzysztof Koperski, Jiawei Han, Junas Adhikary. Mining Knowledge in Geographical Data [J]. IEEE Transaction on Knowledge and Data Engineering. 1993, (10): 903~913.

[98] Shashi Shekhar, Sanjay Chawla. 谢昆青等译. 空间数据库[M]. 北京: 机械工业出版社, 2004.

[99] Worboys M. GIS: A Computing Perspective[M]. London: Taylor Francis, 1995.

[100] Guttman R. R-tree: A Dynamic Index Structure for Spatial Searching. SIGMOD'. 84. Proceedings of the ACM SIGMOD Conference. ACM Press, 1984: 47~57.

[101] 罗云启, 罗毅. 数字化地理信息系统 Mapinfo 应用大全[M]. 北京: 北京希望电子出版社. 2002.

[102] 齐锐, 屈韶琳, 阳琳赟. 用 MapX 开发地理信息系统[M]. 北京: 清华大学出版社, 2003.

[103] Warschko T M, Blum J M, Tichy W F. Para Station: Efficient Parallel Computing by Clustering Workstations: Design and Evaluation[J]. Journal of Systems Architecture, 1998, (44):241~260.

[104] 唐常青, 吕宏伯, 黄铮, 张方. 数学形态学方法及其应用[M]. 北京: 科学出版社, 1990.

[105] 周兵, 沈钧毅, 彭勤科. 集群环境下的并行聚类算法[J]. 计算机工程,2004, 30(4):4~6.

[106] 阎超德, 赵学胜. GIS 空间索引方法述评[J]. 地理与地理信息科学, 2004, 20(4):23~26.

[107] Preparata F P. An Optimal Real Time Algorithm for Planar Convex Hulls[J]. Comm. ACM, 1979,(22):402~405.

[108] 张显全, 刘丽娜, 唐振军. 基于凸多边形的凸壳算法[J]. 计算机科学, 2006, 33(9):218~221.

[109] C. Bradford Barber, David P. Domin, Hannu Huhdanpaa. The Quickhull Algorithm for Convex Hulls[J]. ACM Transactions on Mathematical Software, 1996, 22 (4): 469~483.

[110] 余翔宇, 孙洪, 余志雄. 改进的二维点集凸包快速反应求取算法[J]. 武汉理工大学学报, 2005, 27(10):81~83.

[111] J T Klosowski, M Held, J S B Mitchell, H Sowizral, K Zikan. Efficient Collision Detection Usingbounding Volume Hierarchies of k-DOPs[J]. IEEE Transactions on Visualization and Computer Graphics, 1998, 4(1):21~36.

[112] Ladislav Kavan, Ivana Kolingerova, Jiri Zara. Fast approximation of convex hull. Proceedings of the 2nd IASTED international conference on Advances in computer science and technology. ACTA Press, Anaheim, CA, USA. 2006: 101~104.

[113] OOSTEROM P V, V INCEN T S. The Development of an Interactive Multiscale GIS [J]. Int J Geographical Information Systems, 1995, 9(5):489~507.

[114] OOSTEROM P V. Reactive. Data Structures for Geographic Information Systems [M]. London: Oxford University Press, 1993.

[115] KURTE E B, ROBERT W. A Review and Conceptual Framework of Automated Map Generalization [J]. Int J Geographical Information Systems, 1988, 2 (3): 229~244.

[116] 王桥. 一种新分维估值方法作为工具的自动制图综合[J]. 测绘学报, 1996, 25(1):10~16.

[117] 吴纪桃, 王桥. 小波分析在 GIS 线状数据图形简化中的应用研究[J]. 测绘学报, 2000, 29(1):71~75.

[118] 孔宪庶，沙智华，汲淑丽. 计算几何学研究[J]. 大连铁道学院学报，1998，19(4):208 ~ 213.

[119] 武晓波，王世新，肖春生. Delaunay 三角网的生成算法研究[J]. 测绘学报，1999，28(1):28 ~ 35.

[120] B A Lewis，J S Robinson. Triangulation of Planar Regions with Applications[J]. The Computer Journal，1978，21(4):324 ~ 332.

[121] Victor J D Tsai. Delaunay Triangulations in TIN Creation：an Overview and a Linear-Time Algorithm[J]. Int . J. of GIS，1993，7(6):501 ~ 524.

[122] John R Rice. Mathematical software III[M]. Academic Press，New York，1977.

[123] De Floriani L，PuPPo E. An Online Algorithm for Constrained Delaunay Triangulation，CV GIP：GraPhical Models and Image Processing，1992，54 (3)：290 ~ 300.

[124] Green P J，Sibson R. Computing Dirichlet Tesselations in the Plane[J]. The Computer Journal，1978，21(2):168 ~ 173.

[125] Brassel K E，Reif D. Procedure to Generate Thiessen Polygons[J]. GeoPhysical Analysis，1979(11):289 ~ 303.

[126] Michael J，McCullagh，Charles G. Ross. Delaunay Triangulation of a Random Data Set for Isarithmic Mapping[J]. The Cartographic Journal，1980，17(2):93 ~ 99.

[127] Michael J，Shamos，Dan Hoey. Closest-Point Problems[J]. Proceedings of the 16th Annual Symposium on the Foundations of Computer Science，1975，151 ~ 162.

[128] Lee D T，B J Schacter. Two Algorithms for Constructing a Delaunay Triangulation [J]. Int. J. of Computer and Information Sciences，1980，9(3):231 ~ 245.

[129] R E Tarjan，C J Van Wyk. An O (nloglogn) -time Algorithm for Triangulating a Simple Polygon[J]. SIAM J. Comput. 1988，17：143 ~ 178.

[130] B Chazelle. Triangulating a Simple Polygon in Linear Time. Discrete Comput[J]. Geom.，1990，6：485 ~ 524 .

[131] 马小虎，潘志庚，石教英. 基于凹凸顶点判定的简单多边形 Delaunay 三角剖分[J]. 计算机辅助设计与图形学学报，1999，11(1):1 ~ 3.

[132] 齐建昌，郑国磊. 任意多边形单调链剖分算法[J]. 计算机辅助设计与图形学学报，1998，10(4):309 ~ 314.

[133] 杜晓初，郭庆胜. 基于 Delaunay 三角网的空间邻近关系推理[J]. 测绘科学，2004，28(6):65 ~ 67.

[134] 周晓云，刘慎权. 实现约束力 Delaunay 三角剖分的健壮算法[J]. 计算机学报，1996，19(8):615 ~ 624.

[135] Padmavathi Mundur，Yong Rao，Yelena Yesha. Keygrame-based Video Summarization using Delaunay Clustering. http：//www. csee. umbc. edu/ ~ yongrao1/

IJDL2005. pdf, 2005.

[136] Pier Luca Lanzi, Stewart W Wilson. Using Convex Hulls to Represent Classifier Conditions. GECCO'06 ACM, 2006, 1481 ~ 1488.

[137] 普霍帕拉塔, 沙莫斯. 庄心谷译. 计算几何导论[M]. 第 1 版. 北京：科学出版社, 1990.

[138] Bentley J L, Faust G M, Preparata F P. Approximation Algorithms for Confex Hulls [J]. Comm, ACM, 1982, 25：64 ~ 68.

[139] Ting K Ho. Art Gallery Problem. http：//www. morris. umn. edu/academic/math/ Paul-final. doc. 2004.

[140] Rana S, Batty M. Visualising the Structure of Architectual Open Spaces Based on Shape Analysis[J]. International Journal of Arthitectural Computing. 2004, 2(1)：123 ~ 132.

[141] 金文华, 何涛, 唐卫清, 唐荣锡, 刘慎权. 简单多边形可见点问题的快速求解算法[J]. 计算机学报, 1999, 22(3)：275 ~ 282.

[142] 周培德, 王文明. 确定两个任意多边形的并的算法[J]. 北京理工大学学报, 1998, 18(1)：87 ~ 91.

冶金工业出版社部分图书推荐

书　名	作　者	定价(元)
SolidWorks 2006 零件与装配设计教程	岳荣刚	29.00
Mastercam 3D 设计及模具加工高级教程	孙建甫	69.00
机械基础知识	马保振	26.00
机械优化设计方法	陈立周	29.00
机电一体化技术基础与产品设计	刘　杰	38.00
机械制造装备设计	王启义	35.00
可编程序控制器及常用控制电器	何友华	30.00
机械制造工艺及专用夹具设计指导	孙丽媛	14.00
智能控制原理及应用	张建民	29.00
通用机械设备(高职)	张庭祥	25.00
机械设计基础(高职)	吴联兴	29.00
机械制造工艺基础	钱同一	49.00
机械安装与维护	张树海	22.00
画法几何及机械制图	田绿竹	29.00
画法几何及机械制图习题集	刘红梅	28.00
机械制造装备设计	王启义	35.00
电力拖动自动控制系统(第2版)	李正熙	35.00
机械工程测试与数据处理技术	平　鹏	20.00
仪表机构零件(第2版)	施立亭	32.00
起重机课程设计(第2版)	陈道南	26.00
机械可靠性设计	孟宪铎	18.00
机械设计课程设计	巩云鹏	23.00
计算机控制系统	张国范 顾树生	29.00
自动控制原理(第4版)	顾树生 杨自厚	29.00
AutoCAD 2002 计算机辅助设计	王　茹	29.50
冶金机械安装与维护	谷士强	24.00
电工与电子技术	李季渊	26.00
机械故障诊断基础	廖伯瑜	25.80
工厂电气控制设备	赵秉衡	20.00
工厂供电系统继电保护及自动装置	王建南	35.00
机械维修与安装	周师圣	24.00
实用模拟电子技术	欧伟民	28.50
工业测控系统的抗干扰技术	葛长虹	39.00
CAXA 电子图板教程	马希青 李秋生	36.00